電力システム改革の突破口

DR・VPP・アグリゲーター入門

市村 健 著

Ohmsha

はじめに

明治の文明開化と共に産声を上げた日本の電力事業は、様々な変遷を辿っています。黎明期の大競争、戦時中の国家統制を経て、戦後の地域独占は、ある意味で高度経済成長期を支えました。そして、現在の規制緩和・全面自由化に繋がります。その一方で、電気という実質的な公共財の価値は一貫して変わっていません。

現在、鋭意進められている電力システム改革は、文字通り140年間の電力事業の歴史でも大きなパラダイム転換に該当します。それは電気の価値がkWhからkW、さらにはΔ(デルタ)kWへと移行していくからです。

この改革で育まれるDRやVPP、アグリゲーターという言葉は難解なイメージを抱かれますが、電気の特性から紐解くと、実は真新しい概念ではありません。DRもVPPもアグリゲーターも、電力事業の普遍的概念でもある系統運用安定化のための一機能だからです。そこを分かりやすく実務者目線で紐解いたのが本書の幹です。

本書は学術書や研究論文ではありません。電力事業の日々の営みを通じて経験した様々な試行錯誤や議論のプロセス、想定外の事案を綴ったオーラルヒストリーのようなものです。現在、エネルギービジネスに携わっている方や起業を目指す方、電気工学系を志す学生さん達に話しかけているつもりで執筆しました。本書を読み終える頃に、電力事業という「大河ドラマ」におけるDRやVPP、アグリゲーターの将来的な位置付けがスッとイメージできるならば望外の喜びです。

市　村　　健

電力システム改革の突破口

DR・VPP・アグリゲーター入門

《目次》

第1章

電力事業は大河ドラマなり

1 140 年前のエピソード

昨今の異常気象やコロナ禍は、当たり前が当たり前でなくなる時代の到来を示しているのかもしれません。それでも、生活必需品の１つに「電気」を挙げることに疑念を差し挟む方はいらっしゃらないと思います。医療従事者やスーパーの店員、公共交通機関の運転手、宅配事業者といった人たちを指すエッセンシャルワーカーという言葉ですが、電気事業に携わる人もその範疇に違いないでしょう。皆さんの日常生活に電気は当たり前のように溢れ、電気なしでは文化的な生活は営めません。スイッチを押せば明かりが灯り、冷蔵庫で食材を保存し、電子レンジを使い、冷房も暖房も電気が当たり前です。携帯電話はコンセントに差し込んで充電を行います。

さて、電気は電流という電子の集合体が金属内(例えば電線)を流れるわけですが、この流れが同一方向か異なる方向かで直流と交流に区別されます。この直流と交流の違いは、普段生活している中では関心を抱かないでしょうし、詳しいメカニズムを知る必要もないでしょう。例えば、コンセントの内側(内線側)には交流が流れていますが、LED 照明等の機器や乾電池は直流で機能します。乾電池にプラス･マイナスの向きがあるのは、電流が一定方向の直流だからです。一方、家電製品のコンセントプラグが、どちら向きでも大丈夫なのは交流だからです。モータで駆動する冷蔵庫や洗濯機は交流が大半ですが、太陽光発電は直流発電です。21 世紀の文明社会では、直流と交流が微妙かつ複雑に混在するのが特性と言えるかもしれません。

直流 VS 交流

今から 140 年ほど前の米国で、この交流と直流が、産業界の大立者や一流の学者を巻き込んだ文字通り世論を二分する大論争を引き起こしました。いわゆる「電流戦争」です。最終局面では、一方が一方を人殺し呼ばわりするネガティブキャンペーンまで飛び交ったこの論争は、近年再び脚光を浴びつつあり、例えばベネディクト・カンバーバッチ主演の映画も製作されました。日本でも 2020 年 6 月に公開されたので、ご覧になった方は、当時の大論争の圧倒的な熱量を感じられたかもしれません。主人公は発明王トーマス・エジソン、もう一方の主役はニコラ・テスラ（電気自動車や蓄電池で市場に革命を起こしているイーロン・マスク率いる Tesla の社名は、このニコラ・テスラにちなんでいると仄聞《そくぶん》します）（**図１**）。

1882 年、エジソンは世界で初めて直流発電機で直流送電に成功し、その名を轟《とどろ》かせましたが、彼に憧れてクロアチアから渡ってきたテスラは、従来から温めていた交流発電機による電力供給を主張、両者が真っ向から対立したのは歴史的必然と言えましょう。

当時の時代背景として、電気は普及間もなく、一般市民には高嶺の花でした。一種の贅沢品という認識であり、今後の普及には大量生産による低価格化が重要課題でした。実は、**エジソンの直流は長距離送電に難があり、発電所から近郊のみの供給に過ぎませんでした**。つまりは、発電所を自宅近くに建設できる一部の資本家のみの奢侈品であり、電気の便益を幅広く享受できる事業環境には、技術的ブレイクスルーが必要だったのです。

さらには、エジソンが考えた直流の最大の短所は、電圧が常に一定で変圧が極めて難しかったことにあります（**図２**）。直流の場合、変圧するには相応の手間とコストを掛ける必要があります。いわゆるインバータの存在です。インバータは直流を交流に変換するもので、当時は膨大なコストと設置スペースが不可欠でした。変圧が難しければ電流遮断も難しいことになります。電流遮断が難しければ安全性への不安は払拭できません。

図１　エジソン（左）とテスラ（右）

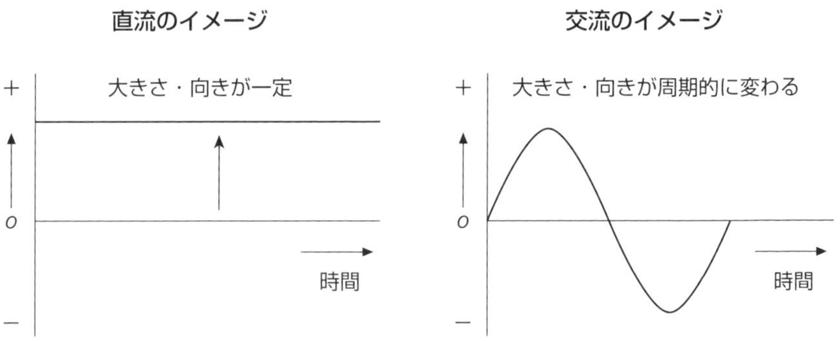

図2　直流・交流

テスラのアイディア

一方、強制的に多大なコストを掛け、広いスペースを使って電流をゼロにする瞬間(電流零点)をつくるのではなく、これまでの常識を覆す発電方法により直流の弱点を克服したのがテスラの交流発電・送電です。交流発電は直流発電とは異なり変圧のハードルが低く、自由に昇圧・降圧が可能なため、長距離送電も可能になります。電流遮断も、交流ならば電圧が「プラス→ゼロ→マイナス→ゼロ→プラス」という周期を繰り返しているので、電流零点に遮断を仕掛ければ負担は少なくなります。**テスラの技術革新によって、電力系統運用の自由度は飛躍的に増大しました**。その後、テスラは1896年に世界で初めて長距離送電に成功し、以降、彼が編み出した交流が世界標準となっていきます。日本でも、電力会社が所有する水力・火力・原子力発電は、今でも交流発電です。こうした大規模電源から交流送電によって電力消費地に昇圧・降圧を繰り返し届けられた電気は、家庭のコンセントまで来ているのです。余談ですが、オバマ元米国大統領は2010年の演説で、米国は移民国家であるとしたうえで、4人の移民を天才として賞賛しましたが、そのうちの1人がニコラ・テスラです。

この事業環境を変えたのが、新たな技術革新である半導体の出現です(**図3**)。

1990年以降、様々な半導体が電力に応用され、交流から直流、直流から交流、あるいは交流の周波数変換と幅広く適用され始めました。もともと変圧することで電力ロスが生じることが交流の欠点でもあったのですが、**半導体の活用により**

図3　半導体

変圧の取引コストが大幅に軽減されました。直流は、その特性上、そもそも電力ロスも少なく省エネ効果も大きいので、変圧の欠点が克服され得るならば利用機会は増えるはずです。その大きな成果の１つが太陽光発電です。

直流・交流融合の時代

太陽光発電は、様々な半導体を利用して電気をつくる直流発電機です。2011年の東日本大震災後、東西間の電力融通は重要課題の１つですが、直流なら周波数変換の負担が軽減されます。交流は電圧がプラスからゼロを経てマイナス、そしてゼロから再びプラスへと移動します。この周期が１秒間に50回行われるのが50Hz、60回行われるのが60Hzです。直流の場合はこうした周波数変換の必要がないので、この50Hz/60Hzの枠を超えた東西融通が飛躍的に伸びる可能性があります。勿論、インフラ整備のためのコスト負担の在り方など解決すべき課題は山積です。しかしながら、再生可能エネルギーの普及で電力の「地産地消」が注目される中で、直流が再び脚光を浴びているのも事実なのです。これは、エジソンとテスラの激しいバトルを経て、１世紀以上を跨いだ両巨頭の融和であり、21世紀こそ直流と交流のコラボレーション時代の幕開けと捉えたいと思います。

直流・交流を融合させたショーウインドー

実は、本書のメインテーマである「DR（Demand Response：デマンドレスポンス）」と「VPP（Virtual Power Plant：仮想発電所）」、そして、それらを操る「アグリゲーター」は、直流・交流を融合させたショーウインドーとも言えます。DRやVPPの神髄は、IoT（Internet of Things）等のデジタル技術を駆使した需要側エネルギーリソース（DSR：Demand Side Resources）、分散型エネルギーリソース（DER：Distributed Energy Resources）の最大限の活用にあり、その担い手がアグリゲーターです。言い換えると、需要家と太陽光・風力や電気自動車（EV）、あるいは蓄電池と系統電源の融合形がDRでありVPPで、そこに魂を吹き込むのがアグリゲーターです。

現在議論が進んでいる電力システム改革における大きなマイルストーンは、1つは発送電分離と小売全面自由化であり、もう1つは容量市場・需給調整市場の開設です。加えて今後は、2020年に成立した「エネルギー供給強靭化法」に明示的に規定されたアグリゲーターも、大きな役割を果たしていくはずです。というのは、**電気という一義的には貯めることが難しい財は生産即消費・同時同量が前提であり、そのためには様々なリソースを融合した需給調整ノウハウや、再生可能エネルギー主力電源化に向けた電力取引には高度な専門性が要求されます。これを担うのがアグリゲーター**だからです。

繰り返しますが、直流と交流のコラボレーションとは、すなわちエジソンとテスラの協調であり、140年の大河ドラマの1つの帰結とも言えるでしょう。この間、様々なプレイヤーが市場を彩ってきましたが、今後は従来のプレイヤーに加えて、DR・VPPを管理運営するアグリゲーターの存在が注目を集めるに違いありません。

これから140年前の日本の電気事業へと遡り、その黎明期から現在に至るまでの電力ビジネス、そして電力システム改革へと、実は全てが有機的に結び付き、新たな価値を創造してきた様を、1つ1つテーマを決めて紐解いていきたいと思います。

2 黎明期の電気事業

東京の外堀通りと桜田通りの交差点を霞が関ビル方面に少し入った所の霞が関コモンゲート。その路上に小さな碑があります（**図4**）。「工部大学校阯碑」と書かれたこの場所こそ、日本で初めて電灯が灯った記念すべき地点であり、この日が3月25日であったことから1927年より電気記念日として歴史にその名を刻んでいます。工部大学校は後の東京帝国大学工学部ですが、ここで今から143年前の1878年に、フランス製デュボスク式アーク灯による放電照明が、短い点灯時間ではありましたが実証され、さらに4年後、銀座において一般市民がこの灯りを広く目にすることになります。

三に銀座のアーク灯

当時、日本で初めての電力会社として設立準備中だった東京電燈会社（現在の東京電力ホールディングス）が、そのお披露目の一環として、仮事務所のあった東京・銀座2丁目でアーク灯(電気による街路灯)を灯らせました(**図5**)。その眩いほどの明るさは、大きな話題を呼び、「一にお天道様、二にお月様、三に銀座のアーク灯」と称えられる程でした。見物客は江戸から明治への大きな転換期に、正に文明開化の萌芽を目の当たりにしたに違いありません。

百花繚乱の自家発電機

それから4年後の1886年、東京電燈会社が日本初の電気事業者として開業します。開業当初の1887年末の需要家数はわずか83戸でした。電力供給源は、前

図4　工部大学校阯碑

図5　銀座2丁目アーク灯

述したエジソンによる発電形態を踏襲し、火力による低圧直流発電でした。したがって、その後開発される交流と異なり変圧が極めて難しいことから、需要のある地域ごとに孤立した発電所が乱立する状況で、しかも低圧送電なので極めて非効率でした。必定、電気が欲しい需要家で資本力を有するところは、自ら発電所を建設することを優先します。自流式水力や石炭による自家発電機の百花繚乱状態です。

明治初頭の日本は、文明開化と並んで殖産興業をスローガンに産業界の近代化を目指していました。近代化に電気は不可欠です。よって、例えば紡績業では、後の東洋紡の前身である大阪紡績会社、東北で初めて電灯を灯した宮城紡績会社などが自家発電所を建設し、電気の地産地消を実践していたのです。大阪紡績は石炭によるエジソン式直流発電機、宮城紡績は宮城県広瀬川三居沢《さんきょざわ》水力発電所。火力・水力の違いこそあれ、**黎明期の電気事業は、実は「直流による自家発電機による地産地消」であったことは意味深長**です。というのも、今議論されている電力システム改革のコンセプトに重なる部分があるからです。例えば、「再生可能エネルギー等の分散型電源を活用した配電ライセンス制」という現在のキャッチコピーを分析すると、再エネは直流電源で、配電ライセンスは地産地消と限りなく同義ですから140年前とシンクロしていることが分かります。正に、故きを温ねて新しきを知る(温故知新)です。

日本版 電流戦争

1889年には大阪電燈が設立され、そこで日本では初めてとなる交流発電機を導入します。交流の場合は直流と違って変圧が容易なので高圧送電が現実的になる一方で、高圧送電は当時としては未知の領域でした。当然、様々な議論が飛び交います。東京電燈はエジソン式の直流発電、大阪電燈は同じ米国ですが、トムソン・ヒューストン・エレクトリック製（同社は1892年にエジソン・ゼネラル・エレクトリックと合併し、ゼネラル・エレクトリック（GE：General Electric）誕生となります）の交流発電。図らずも、日本でも東西分けての電流戦争が展開されました。その後、東京圏内で開業した品川電灯や深川電灯が挙《こぞ》って交流発電を採用したことにより、米国のニコラ・テスラの交流による長距離送電成功と時期を一にするように、日本の電気事業も交流発電に収斂されていきます。

東京電燈は大きな経営課題に直面します。それは、日清戦争後の旺盛な電力需要に対する社会的要請、その一方で、人口密集地に大規模電源を建設する場合の用地確保等への対策でした。そこで解決策として俎上に上がったのが交流発電・送電を前提とした大型発電所建設でした。東京電燈は都心からほど近い浅草の地に火力発電所建設を計画します。東京電力発刊の「関東の電気事業と東京電力」によれば、浅草区住民からの苦情・異議申し立ては当時の東京府知事への意見書提出、警視庁を巻き込んだ事態にまで発展しました。その後、東京府の斡旋により「完全燃焼させるために60mの大煙突を建設すること」、「消煙装置を付けること」、「無煙炭コークスのみ使用すること」、「メカニカルストーカー（自動給炭機のことで、ボイラーに燃料である石炭を供給する装置）を設置し、黒煙発生を防止すること」などを取り決め、反対運動は収束しました。

50Hzの起源は浅草から

1895年に送電を開始した浅草火力発電所は、日本の電気事業史に大きな軌跡を残すことになります。同火力は、第一期・二期と分けて建設工事が行われましたが、第一期では、石川島造船所（現在のIHI）とドイツのアルゲマイネ・エレクトリツィテート・ゲゼルシャフト（AEG：Allgemeine Elektricitäts-Gesellschaft）が、第二期ではAEGが全発電機を納めています。石川島造船所の製作した200kW発電機は国産第1号であり、日本のみならず世界的にも最大級の発電出力を誇りました。明治維新からわずか四半世紀余りですから、これは特筆すべきです。また、AEGの50サイクル発電機は東日本の50Hz周波数が標準サイクルとなる起源をつくった発電機でした。

浅草火力は、60mの鋼鉄製大煙突が浅草公園の凌雲閣と並んで浅草名物となり、東京市民に親しまれました。その後、最大出力55,000kWの山梨県駒橋水力発電所から、55,000Vに達する高圧かつ76kmに及ぶ長距離送電が可能となり、浅草火力は駒橋水力発電所の予備発電所という扱いになります。1923年には関東大震災で被災し、設備の老朽化も顕在化したことから、惜しまれながらも新たな発電所計画にその役割を引き渡しました。東日本の大規模交流電源のパイオニアであり、50Hzの礎となった浅草火力発電所。その隅田川沿いの跡地には東京電力パワーグリッド蔵前変電所が今も現役で稼働中であり、わずかではありますが往時を偲ぶことができます(**図6**)。

千住火力のお化け煙突

浅草火力から首都圏電力供給のバトンを受け継いだのが、浅草から隅田川を北上すること 8 km ほどの千住火力発電所です。その総出力は最盛期で 75MW に達するほどの堂々たる石炭火力でした。燃料である石炭の水運に恵まれているからとはいえ、隅田川沿いの人口密集地に石炭を焚くというのは、そういう時代だったと言えばそれまでですが、脱・石炭火力の今から考えると隔世の感があります。それでもランドマークである 4 本の煙突は、第二次世界大戦の東京大空襲をも奇跡的に回避し、東京の下町っ子に愛されました。粉塵対策として浅草火力よりも高い 80m を誇ったその煙突群は、見る方向によって 1 本から 4 本に変化する不思議な風景を演出しました。

1964 年の東京オリンピックの前年まで 58 年にわたって首都圏に電力を供給し続けた千住火力。その象徴たる「お化け煙突」は、撤去の際には地域住民による「煙突とのお別れ会が催され、老若男女問わず集った」と当時の記録にあります。また、各種メディアにも取り上げられ、東京の下町を舞台にした国民的人気を誇る大ヒットアニメにも、煙突にまつわるエピソードがある種のノスタルジーと共に描か

図6　浅草火力跡地　東京電力パワーグリッド蔵前変電所

図7　お化け煙突モニュメント(帝京科学大学千住キャンパス内)

れています。確かに、筆者が現地に行った際、場所を地元の方に尋ねたところ、「ああ、お化け煙突ね」と即答され、何となく温かい気持ちになりました(**図7**)。

3 水主火従から火主水従へ

水主火従

水主火従とは、水力発電が主力電源であり火力発電が補助的役割を担う、火主水従はその逆、と認識されがちです。定量的な考え方としてはその通りですが、本書では、そのベースロード（発電所の出力調整を行うことなく定格出力で継続操業できる発電状態）を水力が担い、変動電源・調整電源を火力が担うのが水主火従で、ベースを火力、変動・調整を水力が果たす場合を火主水従と整理します。

電気事業連合会ホームページの「電気の歴史」を見ると、1912年に「水力発電の出力（23万3,000kW）が火力発電の出力（22万9,000kW）を超える。」とあります。

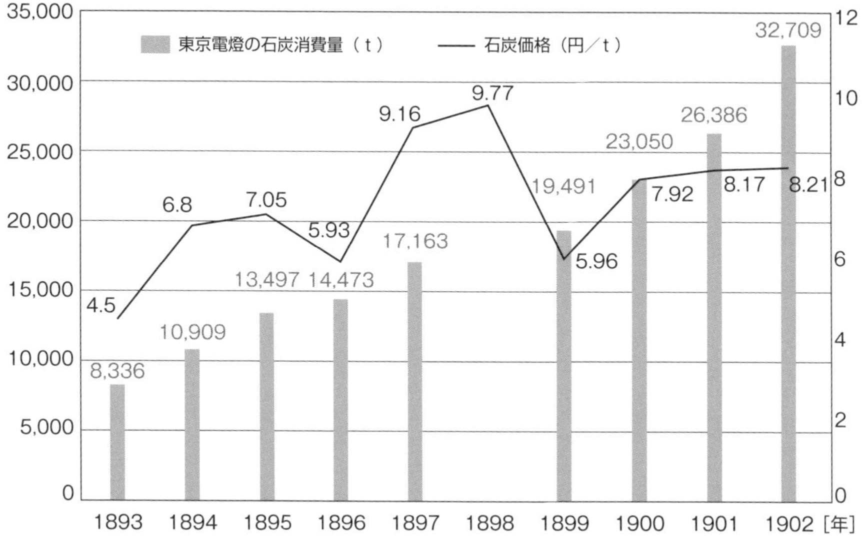

図8　石炭価格の推移と東京電燈の石炭消費量

出典：東京電力(株)、「関東の電気事業と東京電力」（2002年3月）をもとに筆者作成

ここで、発電所建設・運用に掛かるコストをCapex（固定費）・Opex（運用費）で分けて考えてみます。水力発電の場合、Capexは土木工事等で多額な投資を必要としますが、それを長期にわたり減価償却する一方、Opexは自然の恵み（雨水）を活用するため、限界費用は限りなくゼロで済みます。つまりランニングコストが安い電源と言い換えることができます。しかも高温多湿で雨量に恵まれ急峻な山が多い日本は、水力発電に適した場所を探しやすい地の利がありました。

一方の火力発電は、当時は石炭火力が主流でした。Opexは石炭燃料費がメインになりますが、**日清戦争による石炭価格の暴騰は当時の電燈会社にダメージを与えました（図8）。結果として水力発電の価格優位性は明確となり、水主火従の方向性がはっきりしてきます。**先の項でも触れた駒橋水力は、長距離高圧送電の先駆け的存在です。相模湖や山中湖、河口湖を水源とする相模川水系桂川沿いにある駒橋水力は、1907年に麹町・麻布配電所管内に送電を開始し、現在に至るまで発電を続けています。

火主水従

図9をご覧ください。これは東京電力の1951年から2018年に至るまでの電源構成比です。1955年には水力発電の比率は67%である一方、石炭火力は33%ですから水主火従です。一方、東京オリンピック翌年の1965年の水力比率は26%と激減する一方で、石炭火力は41%、加えて石油火力が33%で火主水従に切り替わります。

このパラダイムシフトには様々な要因がありますが、最大の要因は火力発電技術の進化と、水力発電の立地上の制約問題に収斂されます。石炭から石油へ燃料転換が進む中で、火力発電は高効率かつ大容量化が進捗し、高度経済成長の旺盛な電力需要を下支えする一方で、水力発電所に適した水系は徐々に開発し尽くされる傾向にありました。山野に深く入り込めば込むほど発電所建設コストは嵩み、それに見合う規模の経済が追求できなくなったのです。しかも、石炭火力は出力調整に一定の時間を要する一方で、水力は断続的な稼働状態でも効率性に劣後しません。つまり、需要負荷の変動に対して追従する調整力としての役割に優れ、それならば調整電源は火力から水力に転換し、ベースロードは火力で担おうという方向性がこの頃から始まりました。

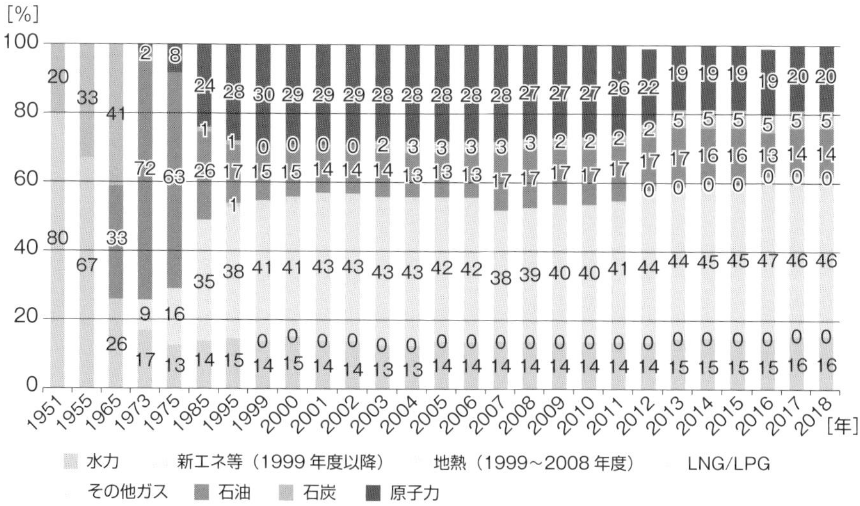

（注）1．四捨五入の関係で合計が合わない場合がある
2．1996 年度以降、その他ガスのうち都市ガスは、LNG・LPG に分類されることとなった
3．新エネ等の 2008 年度以前は風力、太陽光および廃棄物発電（供給力が見込める設備および自社認可設備）、2009 年度以降はこれらに地熱およびバイオマス発電（供給力が見込める設備および自社認可設備）を加えたもの
4．原子力のうち、福島第一原子力発電所 1～6 号機（469.6 万 kW）については、電気事業法第９条に基づく廃止届出を行い、2014 年１月 31 日までに廃止済み
5．それぞれの認可出力（万 kW）については CSV データに記載

図９　電源構成比（2018 年度末現在）
出典：東京電力ホールディングス（株）、「数表で見る東京電力」

黒部の太陽

本書のメインテーマの１つでもある DR は、その需要負荷変動に対する追従性の高さで水力発電と比較されることが多いのですが、その比較対象は、一般的に水力発電の中でも揚水水力です。しかし、この時代、揚水発電は研究開発の途上で実用段階になく、いわゆる自流式（流れ込み）、あるいはダム式水力と言われるものが水力発電の主流でした。

ここで紹介する関西電力・富山県黒部川第四発電所は、通称「クロヨン（黒四）」と呼ばれ、ダム式水力の中でも特に名高く、その難工事は想像を絶するものでした。ゆえに日本を代表する水力発電所であることは疑念の余地はないでしょう。難攻不落な大自然に挑む様は、NHK の名物番組、あるいは吉村昭氏の小説や石原裕次郎氏の映画でも取り上げられたので、ご存じの方も多いはずです。1956

図 10　クロヨンダム

年 8 月着工以来、513 億円の工費、延べ 1,000 万人の労働力を投入し、1963 年 6 月に完成しました。

電力系統運用の観点では、クロヨンは当時最大級の調整電源と言えます。右肩上がりの旺盛な電力需要の伸びに対し、慢性的な電力不足を回避するには調整力も桁外れな量が必要になります。負荷追従性は決して高くない石炭火力では不合理であり、そこはベースロードを任せ、水力に調整力としての役割を期待するのは自明の理でした。**クロヨンの完成は、関西エリアの電力安定供給に大きく貢献したばかりでなく、過酷な黒部渓谷の自然環境を克服した、日本の土木工事のレベルの高さを世界に証明した一大国家プロジェクト**と言っても言い過ぎではないと思います(図 10)。

世界初の LNG 火力

火主水従は日本の高度経済成長とリンクするのですが、1960 年代後半からはその副作用とも言える大気汚染等の公害問題が顕在化します。特に石炭火力や石油火力から発生する硫黄酸化物はぜんそくの原因物質とされ、例えば、四大公害病の 1 つとされる四日市ぜんそくは高度経済成長の代償とも言える公害病です。

そこで、石炭や石油に代わる「無公害燃料」として登場したのが天然ガス（LNG：Liquefied Natural Gas）です。LNGは、気体天然ガスを−162℃に冷却して液化することで体積容量を500分の1以下に凝縮し、輸送の簡便化を意図したものでした。通常の天然ガスはパイプライン経由です。実際、ドイツや米国の天然ガス使用は圧倒的にパイプライン活用によるものです。島国である日本は海上輸送が前提であり、その場合はLNGでなければ現実的ではありません。当時は、海上大量輸送の知見も安全性の担保も乏しかったので、LNG導入は無謀とも言える大胆な決断でした。

兎に角、先例がありません。燃料輸送に使う巨大タンカーの設計も初めての試みです。さらには、ボイラーやLNGタンク等も自然災害の多い日本でどのよ

COFFEE TIME

carbon budget

「carbon budget」を初めて耳にしたのが2015年の暮れで、フランス人同僚が「今年はcarbon budgetを使い過ぎた。来年はfrugal（倹約・質素）であるべきだ」というので、前後の文脈から虚を突かれました。聞いてみると国連環境計画（UNEP）のレポートにも記載されている概念で、大気温上昇にキャップを被せる場合、過去の温室効果ガス排出量と、今後排出するであろう量の合計の上限が自動的に決まる、ということです。過去分は既に確定しているので、キャップが決まっている以上、残分（排出可能量）も計算できます。「炭素予算」と訳す場合が多いですが、温室効果ガス排出可能総量を予算総額に見立てて、その消化度合いを示すものと考えると分かりやすいです。

2015年のフランスは原子力受難の年でした。記録的な寒波で河川からの冷却水取水が厳しく、加えて労組交渉が難航しストライキが頻発。結果として稼働率が低迷しました。同僚はこのことに言及していたのですが、パリ協定では世界の平均気温上昇を産業革命以前に比べて2℃より十分低く保ち、1.5℃に抑える努力をすることを長期目標に掲げています。同僚を礼賛するつもりはないですが、日常生活にこうした環境意識が浸透していることは重要だと思います。

うに設計・建設すべきか試行錯誤が続きました。当時の記録によると、立地地域住民の皆さんとの協議で一番の懸念は、ガス漏れに起因する事故でした。したがって、「ガス漏れ検知や長距離配管の安全性には、石橋をたたいても渡らないほどの念の入りようだった。」とあります。地球温暖化対策とパリ協定（日本の場合、2030 年度の温室効果ガス排出量を、2013 年度比 26％削減することを中期目標としてコミットしました）や、現在の石炭火力へのダイベスト（投資撤退）の世界的な拡がりと、2020 年 7 月の削減方針の決定等を考えると先見の明があったと言えましょう。何より、2011 年の東日本大震災により原子力が全停止に至った折、もし我が国に LNG がなかったら、と考えただけで背筋が寒くなります。1970 年 4 月に世界初の LNG 専焼火力発電所が東京電力・南横浜火力に誕生以来、2015 年度発受電実績（確報）によれば、総発電電力量の 40％を LNG で賄っており、文字通り主力電源と言えましょう。

日本がロールモデル

筆者が電力会社入社間もない頃、LNG 燃料調達部門は隣の部署だったので、彼らの価格交渉を含めた様々な苦労は肌で感じられました。原子力がフル稼働状態でベースロードを実質的に専有する一方、調整力でありながら 1998 年当時の日本全体の LNG 導入量は世界全体の 60％強を占めており、世界最大の LNG 需

図 11　LNG 輸送船　画像提供：（株）JERA

要国でした。特にその90%が電力会社だったので、世界需要の半分が日本の電力会社だったことになります。原子力の安定稼働を前提に、実質的な巨大シングルユーザーとして、ミドルロード電源のLNGをどのように調達するのか、スポット契約、短期契約、中長期契約を組み合わせた最適なポートフォリオはどこにあるのか、調達先の多様化も重要な課題で、時に国際政治の交渉カードに使われる場面もありました。LNG火力導入後も日々試行錯誤を繰り返しながら、最適解を模索していたことは容易に想像できます。日本は前例主義と言われますが、その前例が存在しないのです。

現在では、中国や韓国、インド、台湾といったアジア諸国を中心にLNGは有力な発電方式として認められていますが、全ては日本の導入から、日本をロールモデルとして始まったことは特筆すべきです。そして今でも、日本が世界最大のLNG輸入国であることに変わりがありません(**図11**)。

4 原子力：岐路にあるベースロード電源

オイルショック

2011年の東日本大震災に端を発した福島第一原子力発電所の事故は、未だに多くの皆さんに艱難辛苦を与えている現状です。安全対策にゴールはなく、再稼働の道筋も不透明です。そんな原子力ですが、少なくとも2011年以前までは、日本のエネルギーミックス（個々の電源をバランス良いポートフォリオで組み入れ、その特性を最大限活かした電源構成）における重要なリソースとして電源構成比で20%強の比率を占めていました。火主水従の最中に起きた第一次・第二次オイルショック（1973年と79年に発生した産油国供給力ひっ迫に端を発した原油価格の高騰）が、ボラティリティリスクの高い石油から原子力に舵を切るきっかけとなります(**図12**)。

原子力発電は、燃料であるウランの特性として、①エネルギー密度が高く備蓄が容易である、②使用済燃料を再処理することでリサイクル燃料として再利用できる、ということから経済産業省資源エネルギー庁は、資源依存度が低い「準国

図 12　オイルショック時にトイレットペーパーを奪い合う

産エネルギー」と位置付けています。その役割は電力の安定供給のみならず、温室効果ガスを排出しない非化石燃料電源として温暖化対策にも一定程度寄与していたのは事実です。フランスでは、この効用を十二分に活かしたエネルギーミックスを構成していますが、これは後述します。

準国産エネルギーであるベースロード電源

日本の原子力発電は、多くの皆さんがベースロード電源（発電コストが低廉で、安定的な電力供給が可能、つまりは昼夜を問わず継続的に稼働できる電源）であると認識していると思います。実際、経済産業省資源エネルギー庁「エネルギー基本計画（エネルギー政策の基本的な方向性を示すためにエネルギー政策基本法に基づき、少なくとも3年ごとに政府が策定するもの）」でも、原子力は以下のように位置付けられています。

「低炭素の準国産エネルギー源として、優れた安定供給性と効率性を有しており、運転コストが低廉で変動も少なく、運転時には温室効果ガスの排出もないことから、安全性の確保を大前提に、長期的なエネルギー需給構造の安定性に寄与する重要なベースロード電源」

ベースロード電源として、原子力は地熱・水力（揚水は除く）、石炭火力と並ぶ立ち位置を担っていますが、実は欧州の一部の国では少し状況が異なります。2018年5月に欧州原子力産業会議（FORATOM）が、「flexible nuclear solution to intermittent renewable challenge」というポジションペーパー（公式見解）を発表しました。その「出力変動電源の再生可能エネルギーに対応し得る、柔軟な原子力発電の運転」では、原子炉は柔軟性を担保し得るのか、という挑戦的なテーマに対し、ファクトベースで検証を重ねています。当該ペーパーでは、主としてフランス、ドイツ、スロバキア、チェコの原子力が、負荷追従性を担保し得る原子力運転能力を保持していて、これらの国々に共通するのは、総発電電力量に占める原子力比率が総じて高いことである（フランス：70％前後、ドイツ：12％前後、スロバキア：50％前後、チェコ：30％前後）と取り纏めました。

フランスの原子力は柔軟

フランスのエネルギー政策における原子力の位置付けは、日本とは大きく異なります。2015年7月に「エネルギー移行法（Energy Transition for Green Growth Act）」が制定され、その中では総発電電力量に占める原子力発電比率を2025年までに50％に削減することを謳っていますが、見方を変えると、それでも50％は原子力とも言えます。2018年12月末では、58基6,313万kWの原子力発電設備が稼働し、総発電電力量の約72％を占めています。原子力発電比率がこれほど高ければ、昼夜の電力負荷の変動に対し、日本ではベースロードを担うのが当然とされている原子力ですら臨機応変に対応する必要があります。要は、需要に対する供給力としての出力調整機能が求められるのです。

2011年6月に経済協力開発機構・原子力機関（OECD/NEA）が纏めた「Technical and Economic Aspects of Load Following with Nuclear Power Plants（原子力発電の負荷追従運転に関する技術的・経済的検証）」によると、フランス国内の軽水炉（軽水とは重水に対比する言葉で、一般的な普通の水を指します。核分裂に伴い放出される中性子の速度を下げる減速材や、核分裂により発生した熱を取り出す冷却材に軽水が使用される原子炉を軽水炉といいます）の大半で負荷追従運転が可能であるとしています。実際に、1日に1回から2回の割合で電気出力を50％から100％に変動させており、1分につき最大出力の5％の上下稼働を許容しているのです。特に5％の上下稼働は、後段に触れる需給調整市場、一次調整力と同機能で、primary control（一次周波数制御モード）と呼ばれ、紛う方なく系統周波数の安定化に原子力が寄与しているのです。

図 13　**制御棒**　電気の史料館所蔵　画像提供：東京電力ホールディングス（株）

黒色と灰色の制御棒

筆者のフランス人同僚に「原子力の load following（負荷追従運転）は、今でも普通に実施されているのか？」と聞いたところ、「Why not ？（なぜ、そのような質問をするのか？）」と返答され、彼《ひ》我《が》の差は歴然としていることを実感しました。

日本の原子力の現状からみれば考えられない運用ですが、こうした原子力の柔軟性を担保し得る技術は、２つの制御棒（原子炉出力を制御するための棒状の物体で、この制御棒を原子炉内部に挿入すれば、炉内中性子の大宗が制御棒に吸収され、核分裂反応が止まります）の存在です（図 13）。黒色制御棒（black control rods）と灰色制御棒（gray control rods）と呼ばれる２種類の制御棒は中性子の吸収力が異なります。黒色制御棒は、日本の軽水炉でも使用されている通常の制御棒ですが、灰色制御棒は黒色と比較すると中性子の吸収力に劣るため、原子力の出力に幅を持たせることができます。フランスでは、制御棒に加えて冷却材（核分裂で発生した熱を原子炉から取り出し、発電に使う材のことで、熱を運ぶ役割を果たします）の温度変動も活用することで、原子力の柔軟性、調整電源化を実現しています。このように時々刻々変化する需要に対して供給力を合わせて電気出力を調整することを出力制御運転といいます。

1987 年、1988 年の実証

実は、日本でも出力制御運転を試みたことがありました。1987 年と 1988 年に四国電力・伊方原子力発電所２号機で２回実施しています。記録によれば、試験結果は良好で、「負荷追従運転(出力制御運転)は可能であることが確認された」とあります。一方で、一般論として燃料棒破損リスクの可能性や運転工程が複雑化することによる人的ミスの増大リスクも指摘されました。いずれにせよ、その後は原子力による出力制御運転は一切行われていません。したがって、日本における原子力の位置付けは、圧倒的なベースロード電源ということになるでしょう。

日本では原子力の位置付けは一層難しくなっていますが、１億２千万人以上が暮らす国土は天然資源に恵まれていません。勿論、太陽や風はありますが、出力変動の激しい再生可能エネルギーだけで旺盛な需要を全て賄うのはもう少し先の話ですし、昼夜間の橋渡し役として期待される蓄電池の活用も、そのコスト負担をどのように考えるのかという国民的議論は必要だと思います。

国際政治との兼ね合い

さらには、ほぼ全量の化石燃料を輸入する火力発電に頼るには、その燃料調達の価格交渉でレバレッジが効かせ難いのも事実です。産油国も産LNG国も交渉当事者の足元を見ます。代替性が乏しいと見れば、法外な値段を要求してくる冷徹な国際政治の現実が頭をもたげてくるのです。経済産業省資源エネルギー庁の2015年度版「エネルギー白書」によると、

「我が国では、東日本大震災以降の原子力発電の停止により、火力発電の稼働率が大幅に上昇した結果（…中略…）、我が国のLNG調達費は、2010年の3.5兆円から2014年の7.8兆円へと大幅に増大しました。」

とあります。地球温暖化対策の観点でも火力発電依存はハンディがあります。したがって、エネルギー安全保障・環境適合性の観点から、原子力は当面の間一定程度保持することが究極のリアリズムだと思います。

核融合 ITER

特に、エネルギーを語るうえで忘れてはならないのは長期的なビジョンです。21世紀後半以降を見据えたエネルギー政策における未来志向の技術開発と、それに関する広義の原子力分野の貢献は十分あると考えます。広義とは軽水炉の先を見据えた原子力分野という意味です。例えば、日本が米国、欧州、中国、

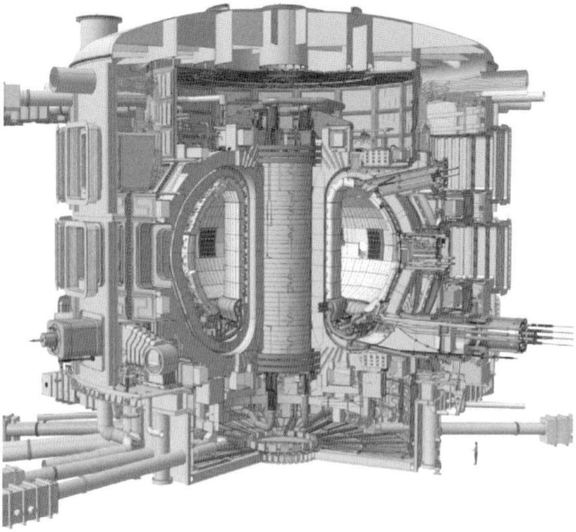

図 14　ITER 実験炉　画像提供：ITER 機構

ロシアと並んで準ホスト国を担う ITER 計画をご存じでしょうか。ITER《イーター》は、International Thermonuclear Experimental Reactor：国際熱核融合実験炉のことで（**図 14**）、現在、南フランスの大都市マルセイユからほど近いカダラッシュにて実験サイトが順次建設中で、日本からも多数の技術者が派遣されています。筆者は今から 10 年前に当地を訪れましたが、核融合という「地上に太陽をつくる」壮大なプロジェクトの熱気に感銘を受けた記憶があります。これが一朝一夕にエネルギー安全保障に貢献し得るものではないし、実用段階に入るのは 21 世紀後半以降という息の長いプロジェクトです。しかし、そもそもエネルギー問題は長期的視点が不可欠ですし、斯様な先端技術がしのぎを削る現場に日本の優秀な技術者がコミットし、世界中の同じ志を抱く技術者と談論風発できる国際協力プロジェクトの意味合いは大きいと考えます。

国内外における福島第一の影響は計り知れない一方で、例えば中国は事故後に 30 基程度の原子力を新規稼働させています。それは自国内に留まらず、開発途上国への輸出攻勢であり、ロシアやインドも同程度の開発計画が進行中です。こうした国々に共通しているのは、科学技術、外交政策の柱として原子力を活用している点です。将来的には、中国、ロシア、インドに原子力先端技術が集積されていく可能性も否定できないでしょう。加えて、こうした国々が輸出先諸国のエネルギー安全保障に直接的に関与することは必定です。

日本は科学技術立国であって欲しいと思います。そのためには、原子力のような最新鋭技術の粋を集めた総合工学を管理運営できる体制は維持していただきたいです。例えば、廃炉のような原子力関連技術の維持発展のためにも、この総合工学は先進国であるならば確実に押さえておくべき領域だと考えます。

5 再生可能エネルギー主力電源化に向けて

シェアの概念

再生可能エネルギーの源は太陽エネルギーです。太陽光の恵みで地球に大気や水の循環が生まれ、風が吹きます。植物の光合成も営まれます。つまり、風力もバイオマスも広義の太陽エネルギーなのです。資源に恵まれない日本では、太陽の恵みは貴重です。石油や石炭、天然ガスといったエネルギー源を代替し得る再生可能エネルギーが、仮に主力電源に昇華できれば、国家安全保障上の懸案事項が１つ解決することになります。エネルギー主権は安全保障上の重要な概念の１つだからです。

発刊当時話題になった、レイチェル・ボッツマン、ルー・ロジャース著『シェア＜共有＞からビジネスを生みだす新戦略』では、環境負荷の少ない共有の概念を紹介し、持続可能な経済を訴求しました。例えばカーシェア。自動車の実質的な稼働時間は１日１時間程度で、23時間は駐車場で眠っている不合理を説いているのですが、これは発電所でも同じことが言えます。ピーク電源の年間稼働率はせいぜい数%です。

ピーク電源の代表格は揚水水力や石油火力ですが、これらは大規模電源で巨額な設備投資を必要とします。にもかかわらず、発電所によっては数%の設備利用率ということもあるので経済合理性があるとは言い難い。一方、仮に家庭用太陽光と蓄電池を組み合わせれば、太陽の恵みによる電気を自在に充放電することで、ピーク時の電力系統運用は、一定程度カバーできるでしょう。実は、この事業モデルこそVPPのコンセプトの1つです。ここで申し上げたいのは、昼間のみ稼働の家庭用太陽光発電といった再生可能エネルギーでも、共有し、束ねてメガにすることで大規模電源に代替可能であり、持続可能な発展を目指す共有経済のコンセプトは達成できるということです。

❯ 二者択一ではない

再生可能エネルギーの議論で、筆者が気になるのは「地球温暖化対策か、電力の安定供給か」の二者択一を迫る論調です。ここに太陽光や風力を巡る問題の本質が潜んでいると考えます。愚考するに、この二者択一を迫ることそのものがミスリードです。確かに、不安定かつ予見可能性の低い再生可能エネルギーと、30分同時同量（電力ネットワーク利用に際し課される義務については、p.79をご覧ください）が必須の電力。この相反する概念を同時達成するのは矛盾すら感じますが、21世紀以降はIoT、IT（Information Technology）、IoS（Internet of Service）、その先のXaaS（X as a Service：Xに該当する製品や機能をインターネット経由でユビキタスに提供すること）社会が到来するはずです。必定、**地球温暖化対策も電力安定供給も同時達成が不可欠な時代であり、あちらを立てればこちらが立たずでは説得力もなく、サステナブルとは言えません。**

技術の進化は文明の進化でもあります。文明の利器をフル活用して、太陽の恵みを最大限活かす。まずはここを確認したうえで、再生可能エネルギー主力電源化に向けての在り様を考えたいと思います。

❯ 太陽光発電とFIT

一言で再生可能エネルギーと言っても太陽光、風力、地熱、中小水力、バイオマスとあります。日本の導入水準規模では、2020年3月時点で太陽光発電が5,580万kWと全体の90%弱を占めるので、ここでは太陽光に焦点を当てて解説します。

10年前から比べると約10倍まで拡大した太陽光の成長には、FIT（Feed-in Tariff：固定価格買取制度）が大きな役割を果たしてきました。FITとは、再生可能エネルギー由来の電気を、一定の期間・価格で電気事業者が買い取ることを義務付けるものです。以前にもRPS（Renewables Portfolio Standard：電気事業者による新エネルギー等の利用に関する特別措置法：電気事業者が調達するエネルギーに対して一定量以上の新エネルギー利用を義務付ける特措法で2003年4月に施行され、FIT法成立後に廃止）やグリーン電力証書（再生可能エネルギーの環境価値を証書化して取引する制度）等のスキームはありましたが、太陽光が指数関数的に伸びた最大の功労者はFITです。

きっかけは、2011年3月の福島第一原子力発電所事故でした。当時の菅直人総理が再エネ推進派の会合で、自身の退陣条件にFIT制度導入を明記した「再生可能エネルギー特別措置法案」の成立を挙げたのは、永田町界隈では有名な話です。この「FIT法：電気事業者による再生可能エネルギー電気の調達に関する特別措置法」は、2012年7月1日からスタートしました。そして、FIT導入から8年が経過し、先に成立した「エネルギー供給強靱化法」ではFIP（Feed-in Premium）制度導入も決まりました。2022年4月施行予定の当該制度については、後ほど解説します。

発電容量と送電網のマッチング

以来8年の間に、約5,600万kWの容量価値を誇るようになった太陽光発電ですが、これが縦横無尽に活躍できるのかというと、そのように言い切れないのが「kW価値が読めない太陽光」の所以です。そもそも日照時間と正の相関関係にあるkWh量ですから、太陽のボラティリティリスクを技術と高度な運用でどのようにカバーするかが「再生可能エネルギー主力電源化」のカギです。

既に設備容量では、原子力発電所の約56基に相当する規模までに達した太陽光を活かしきるには、繊細かつ高度な系統運用技術が求められます。その含意の1つは、送電網と発電設備の適正なマッチングです。正確に言うと、送電容量と発電容量のすり合わせです。発電設備が5,600万kWあっても、従前の発想では、その容量に見合う送電網≒送電容量が整備されない限り、太陽光は宝の持ち腐れになりかねません。大規模発電所同様に、送電網を整備するにはコストと時間が掛かります。最終的には託送料金（電力を送るために利用する送配電線使用料金のことですが、詳しくは第3章で触れます）経由で電気料金に反映されるので、太陽光のために送電網増強を行えば社会コストは逓増するのです。そこで現在検討中の、一部電力会社では試験実施している「日本版コネクト＆マネージ」が重要になります。

日本版コネクト＆マネージ

コネクト＆マネージのconnectとは接続、manageは管理です。既存の電力系統網（送配電網）を効率的に「接続」させ、「管理」する運用形態を指します。当該概念は、いくつもの国境を隔てて系統運用を実施する欧州大陸では日常的な運用な

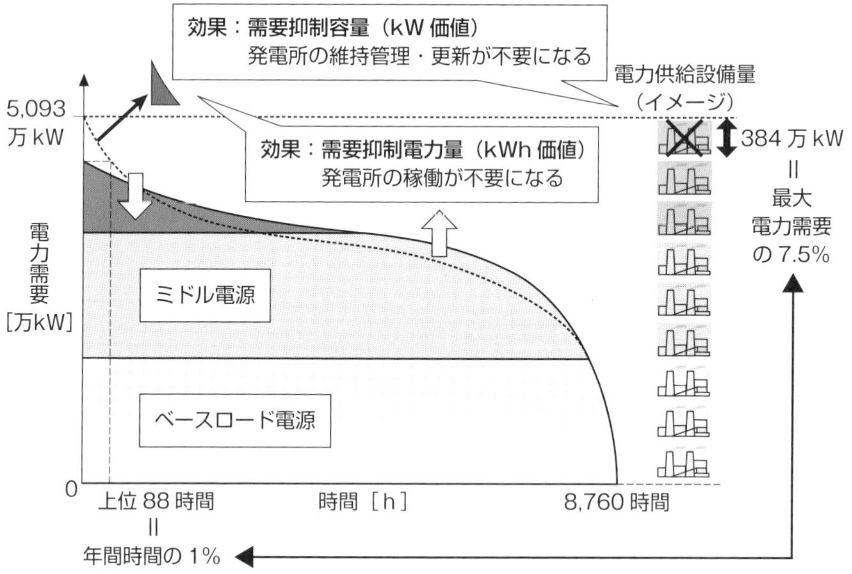

東京電力パワーグリッド(株)、「でんき予報」の需要データをもとに経済産業省資源エネルギー庁作成

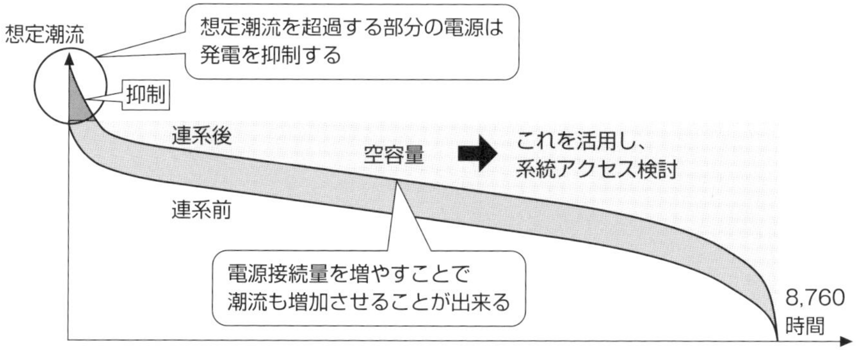

図15　2つのデュレーションカーブ
出典：東京電力パワーグリッド(株)、公表資料(2019年5月17日)

ので、敢えて「日本版」と付いているのです。

図15をご覧ください。横軸は年間総時間数8,760時間、縦軸は設備容量／系統潮流量のkWで描かれているカーブはデュレーションカーブ（duration curve）と言います。需要のデュレーションカーブの上位部分は、年間稼働時間が88時間程度、言い換えると設備利用率が１％未満の必要発電量を示します。ここでは384万kWとなっていますが、デマンドレスポンス（DR）は文字通り、この部分のデマンド（需要）をレスポンス（応答）させ、需要を抑制（demand shaving）してもらうことで、384万kW相当の発電を行ったと同様の効用を得る技術で、既に実用化されているのは御承知の通りです。

系統運用分のアセットマネジメント「ノンファーム型接続」

系統潮流のデュレーションカーブも考え方は似ています。需要抑制のカーブと同様に、例えば**年間１％に該当する潮流量を抑制することで、追加の系統増強工事を行わなくて済むことになります。これをノンファーム型接続と言います。**主なファーム電源としては、既設の火力や原子力、大規模水力を指し、ノンファーム電源とは新設の風力や太陽光をイメージしてください。１年間の約１％、88時間程度は系統が混雑した際は、ノンファーム電源は解列しますが（発電できま

図16　港北系統線

せんが)、それ以外の99%、8,672時間は太陽光が数百万kW以上の規模で系統に追加接続ができることになります。送電網と発電設備の適正なマッチングを技術で達成し得る、系統運用部門のアセットマネジメントとも言うべきノンファーム型接続ですが、東京電力パワーグリッドが先行実施を始めています。

東京電力パワーグリッドは、既に千葉県、茨城県で試験実施中ですが、次に検討されているのは神奈川県の港北系統です(**図16**)。基幹系統(系統運用網の中でも全体の骨格を成す最重要系統を言います)の275kV港北系統は、東京電力パワーグリッド推計では2019年9月現在、空き容量ゼロで、増強工事を実施した場合、竣工までに12年を要し、その工事費用は360億円にも上る見込みです。そこで増強工事を行わないで済むノンファーム接続の適用を検討しているのです。適用が承認されれば、港北系統の設備効率は向上し、結果、太陽光の系統接続は大幅に増えるはずです。

逆転の発想

再生可能エネルギー主力電源化の道のりは始まったばかりですが、重要なのは既成概念に囚われないことです。DRは、99%は休んでいる無駄な供給力増強を止め、その分需要を抑制する発想で生まれました。ノンファーム接続も、99%は使用されない無駄な系統増強を止め、その時だけ出力を抑制する発想です。マーケティングの世界では、様々な成功事例を生み出しているこの「逆転の発想」力で、99%の時間は太陽光が活用される可能性が見えてきました。再生可能エネルギー主力電源化に向けて、正に逆転の発想が、これからは求められると考えます。

6 需要側リソースの台頭:DRとVPP

DSR・DERとは?

本章は、「電力事業は大河ドラマなり」と、若干大仰なタイトルを付けました。その心は、章の冒頭で述べた直流発電・送電から近接需要家のみ届けられた電気事業の黎明期。そして、交流・大規模発送電を経て、太陽光を中心とする直流分散型電源の隆盛。時代の変遷と共に「分散→大規模→分散」、「直流→交流→直流」とうねる様は、大河ドラマのストーリーそのものに感じるからです。そして、これからはIoT等のデジタル技術を駆使した需要側エネルギーリソース（DSR）・分散型エネルギーリソース(DER)の時代に入ります。

DSRとは、需要家の受電点以下（behind the meter）に接続されているエネルギーリソース（自家発電機のような発電設備、家庭用蓄電池のような蓄電設備、工場の生産ライン等の需要設備）の総称です。DERはDSRに加えて、系統側(front of the meter）に直接接続される太陽光や風力といった発電設備、蓄電設備を指します。こうしたDSR・DERを活用するコンセプトがDRであり、VPPということになります(**図17**)。

電気事業の黎明期に活躍した自家発電機といったDSRの再到来は大きなパラダイムシフトです。というのは、**これまでの常識「あるべき需要に対して供給力を積み上げげて電力の同時同量を達成する」から、ニュー・ノーマル「供給力を所与のものとして需要側がその供給力に合わせていく」へと電気事業の概念そのものを大転換させること**だからです。少しそれますが、18世紀後半から19世紀前半に活躍した古典派経済学者ジャン・バティスト・セイは、「常に総需要と総供給

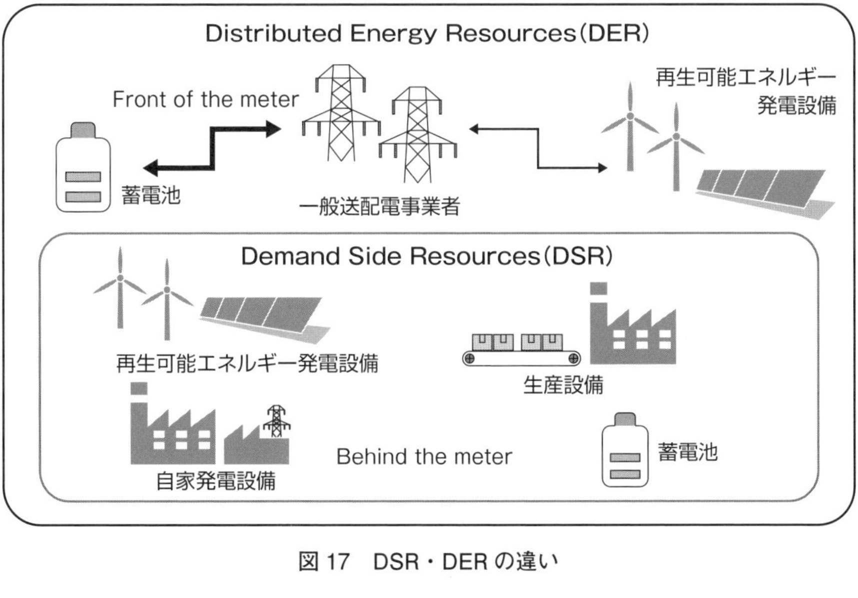

図17　DSR・DERの違い

が一致する」というセイの法則を提唱しましたが、これは供給が需要をコントロールすることと同義です。一方、この概念を否定したのが有名なジョン・メイナード・ケインズの「有効需要論」でした。この両者における供給サイドから需要サイドへの変遷は電気事業のパラダイムシフトと同じ系譜を感じます。

❯ 需要想定

１人１人の行動、いわゆる経済活動は自由放任で気まぐれです。そうした個の集合形が電力需要に直接的、間接的に結び付くならば、そのΣ需要（１人１人の経済活動に掛かる電力需要の総和を便宜的にこのように名付けます）に対し、発電側は系統運用部門の指令に従って大規模発電所出力を制御して同時同量を達成してきました。この系統運用部門の指令機能こそ、電気事業の中核そのものです。電力会社の存在意義とも言えます。しかも、このΣ需要がなかなかのツワモノです。いつどこで誰が、どのような経済活動を行うのか、それを正確に予測するのは至難の業です。**経済活動と電力の需要は、効率性の濃淡はありますが、一般的には正の相関関係にあります**。

そこで、大手電力会社は需要想定という業務を通してΣ需要を予測してきました。この想定に基づき、発電所の建設計画や出力計画が策定されるため、需要想定業務も、系統運用部門同様重要な役割を担っており、大抵は計量経済のスペシャリストがその任に就いています。需要想定にはいくつかの手法がありますが、例えば、家庭用、業務用、産業用に分類してアプローチするのが一般的です。

一言で家庭用と言っても様々な形態に分類されます。一般の家庭で消費される従量電灯は契約電力（いわゆるアンペア契約）や契約期間で幅広い想定が求められますし、定額電灯というカテゴリーは、アパート等の集合住宅の共用灯などが該当します。さらには街灯のような公衆街路灯、あるいは工事用の保安灯・作業員宿舎や、フーテンの寅さんのような縁日の露店業者が照明等で短期間（１年未満）使う場合の臨時電灯なども需要想定の範疇になります。

業務用は、事務所やビル、デパート、飲食店、学校、病院など高圧または特別高圧で電力供給を受ける需要家を対象とした需要想定です。業務用の最大の特徴は、ICT（Information and Communication Technology）化や IoT 化に伴う事務所ビルにおける人工知能（AI：Artificial Intelligence）の普及等が、今後は想定の重要ポイントになります。With COVID-19の時代は、大都市集中から地方分散へのシフトを予感させるので、ビル需要予測はより大切になります。

産業用は、製造業の生産活動に直結することから、鉱工業生産指数（IIP：Indices of Industrial Production：鉱工業製品を生産する国内事業所の月ごとの数量・重量・金額といった定量的生産状況を経済産業省が調査し公表するもの）を活用しつつ、鉄鋼、一般機械、電気機器、精密機器、輸送用機器、繊維工業品、紙・パルプ製品、食料品、たばこ、医薬品など数多くの産業動向を把握し、一定の相関係数を決めて想定します。当然のことですが、最終的には離脱電力量・節電量を控除しΣ需要が決定されます。

電気事業は天気事業

こうした需要想定に加え、DSR・DER時代では分散型電源の想定、供給力予測も重要になります。電力需要が天候に左右されるのは言うまでもありませんが、風力・太陽光は太陽エネルギーである以上、精緻な供給力予測は読み難い。そこで様々なパラメーター、例えば、実気温、実湿度、当日予想最高気温、翌日予想最高気温、日照時間、降雨量、風速等を分析しながら予測を行います。欧州では衛星とビッグデータによる深層学習を活用した発電予測が主流ですが、それは第４章で解説します。

暑くなればエアコン需要がうなぎ上り、結果として電力需要も上昇カーブを描くように、「電気事業は天気事業」と言われ、それは需要を所与のものとしていかに供給力をマッチングさせるかの事業モデルに由来しました。しかし、今後は正確な需要想定に加えて、再生可能エネルギー比率が高まれば高まるほど、精緻な供給力予測も求められます。それは30分同時同量から10分前、1分前、否10秒未満同時同量が求められる時代の幕開けを意味するのです。

柔軟性の確保

変動性の高い再生可能エネルギーの拡大により、系統運用事業者の役割は更に重要かつ複雑なものになってきました。送電部門と配電部門を分離する送配電分離が進捗すれば、この複雑系を誰がいかに管理するのかが大きな課題となります。これをflexibility managementと言いますが、欧州では、特に配電系統の flexibility management をどのように担保するのか、その担い手の１つとしてVPP 事業者、その主体であるアグリゲーターが期待されているのです。

flexibility management は、実は古くて新しい概念です。古い概念とは、同時同量を旨とする電気事業では、実は常識的なことで、そこでは運用の柔軟性が必須です。換言すると、flexibility management とは「系統運用の柔軟性の確保」です。○時○分の電力需要に見合う必要な供給力を、誤差なく電気を調達しマッチングさせる。この場合は、需要は所与のものと考えて供給力のみをアジャストすることになります。例えば、flexibility（系統運用の柔軟性）を担保する電源として、石油火力や揚水発電を活用することで達成してきました。しかし、今後は DSR も活用しながら、その場合は AI やビッグデータを駆使しながら実現することになります。

DSR の flexibility の肝が DR です。DR とは、多種多様な需要側のリソース、小さいところでは家庭用照明や空調、あるいはコンビニエンスストアや業務用ビルのエネルギーシステム、大きいリソースでは大口需要家の生産ライン、例えば電炉や電解槽、冷凍倉庫やデータセンター等のリソースを IoT 化して「ネガワット」を創出する仕組みです。ネガワットとは、需要家の節電により余った電力のことで、これは発電と同様の効用（みなし発電）があるとみなします。そのネガワットと、リチウムイオン電池や電気自動車（EV）に付随する蓄電池等によるポジワットを融合して flexibility を一層担保できれば、近い将来の電力市場、例えば需給調整市場等に供出してマネタイズすることも可能になります。

スタートアップ企業と大手電力

こうしたネガワットやポジワットを組み合わせて flexibility management を担うのが VPP 事業者です。VPP とは Virtual Power Plant の略で、仮想発電所を意味します。需要側リソースを IoT や人工知能を駆使して自在に管理運用することで、あたかも発電所の出力調整を行っているのと同等の機能を発揮させることから仮想発電所と表現します。一般的に VPP 事業者は ICT 系のスタートアップ企業も多く、従来の電気事業とは異なる発想での事業展開を前提としています。例えば、大型蓄電池に蓄えられた再生可能エネルギー由来の電気を、卸電力取引所での電力価格（kWh 価格）が高騰している時間帯に売りに出すことで、市場の

「冷やし玉」としての役割も期待できるし、一定の収益も確保できます。こうした入札行動は従前の電力会社の発想では出難い領域ですが、スタートアップ企業では当然の裁定取引です。

あるいは、需要側リソース（DSR）を活用したflexibility managementの代表とも言える周波数制御を担う事業もスタートアップならではです。欧州ではR1（Primary Reserve）と呼ばれる調整力市場では、DSRも大きな存在感を示しており、担保される技術はスタートアップ企業が貢献しているのです。組織としての発想も機動力も大規模資本とは大きく異なる彼らは、大手電力会社と資本提携をするか、あるいは電力からflexibility management業務を受託して、いわゆるSaaS（Software as a Service）の形で系統運用安定化に貢献するか、いずれかのケースが多いようです（**図18**）。

kW価値、kWh価値、ΔkW価値

flexibilityが求められる時代では、電力の価値はどのように分類されるのでしょうか。経済産業省資源エネルギー庁では3つに分けて整理しています。

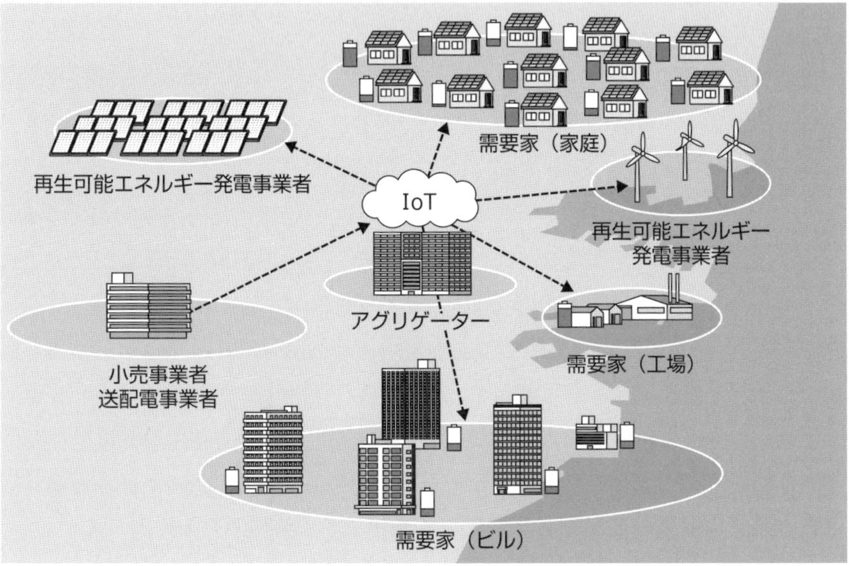

図18　VPP概念図
出典：経済産業省資源エネルギー庁、「エネルギー革新戦略」の検討状況（平成27年12月）

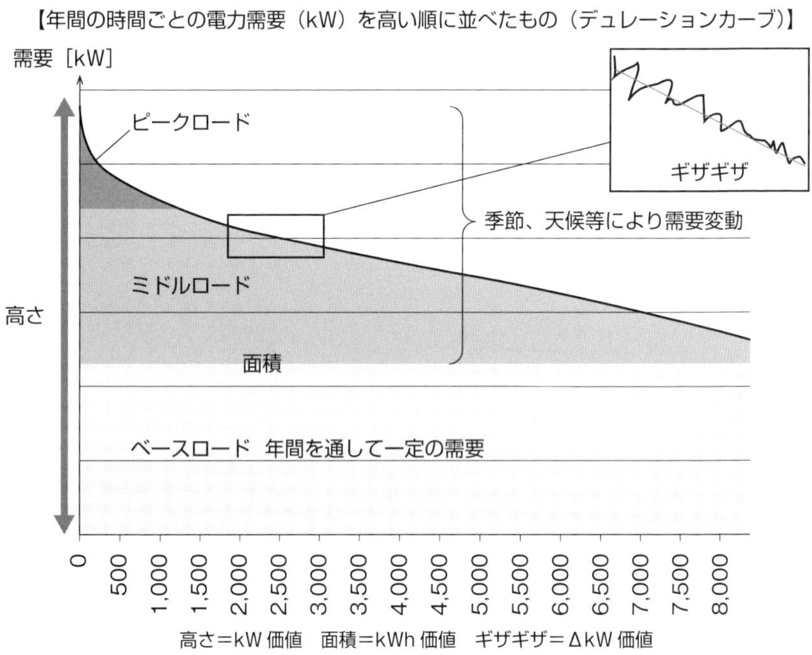

図19　kW価値・kWh価値・ΔkW価値の違い

① kW価値：発電能力(容量や規模感)を表す単位で容量市場にて取引される。
② kWh価値：実際にエネルギーとして消費される電力量で、主として卸電力取引所で扱う。
③ Δ（デルタ）kW価値：実需給断面において、発電機出力調整やDR活用により電力需給や周波数を一致させる調整能力で、需給調整市場にて取引される(**図19**)。

kW価値やkWh価値は既視感はあるものの、ΔkW価値は一体どのような価値なのか、と困惑される向きもあると思います。しかし、これからの電力ビジネスはΔkW価値が大きなポイントであり、flexibilityを定量的に示す単位になります。従来の発想では一番のキャッシュの源泉だったkWh価値が徐々にゼロに近づく中で（再生可能エネルギーの限界費用は限りなくゼロ円です）、この**ΔkW価値を自在に操れる事業者が、電力市場を睥睨する可能性がある、そして、その事業者の1つがアグリゲーター**であることを、まずは確認したいと思います。

参考文献

（1）新戸雅章：発明超人ニコラ・テスラ，筑摩書房，1997

（2）Tesla Memorial Society of New York ホームページ
http://www.teslasociety.com/

（3）日本電気協会，電気協会報，2020 年 3 月号

（4）日本電気協会関東支部，電気ゆかりの地を訪ねて，Vol.28, 2012

（5）東京電力，関東の電気事業と東京電力，2002 年 3 月

（6）国立公文書館ホームページ，近代国家日本の登場－公文書にみる明治－
http://www.archives.go.jp/exhibition/digital/modean_state/contents/meiji-industry/index.html

（7）大成建設ホームページ，銀座遺産「アーク灯」再び 2016 年 9 月 26 日から点灯
https://www.taisei.co.jp/about_us/wn/2016/160928_3841.html

（8）帝京科学大学ニューズレター 2011，第 24 号
https://www.ntu.ac.jp/student/pamphlet/pdf/newsletter/24th.pdf

（9）電気事業連合会ホームページ，電力の歴史，日本の電気事業と社会
https://www.fepc.or.jp/enterprise/rekishi/taishou/index.html

（10）経済産業省資源エネルギー庁ホームページ，日本のエネルギー，150 年の歴史②
https://www.enecho.meti.go.jp/about/special/johoteikyo/history2taisho.html

（11）東京電力ホールディングスホームページ，数表で見る東京電力

（12）小林料：歓迎される無公害燃料 LNG，電氣學會雜誌，Vol.90, No.2, p.227-230, 1970

（13）経済産業省資源エネルギー庁，火力発電に係る昨今の状況，平成 29 年 10 月 10 日
https://www.meti.go.jp/shingikai/enecho/shoene_shinene/sho_energy/karyoku_hatsuden/pdf/h29_01_04_00.pdf

（14）経済産業省，第 5 回総合資源エネルギー調査会，長期エネルギー需給見通し小委員会資料，2015 年 4 月
https://www.enecho.meti.go.jp/committee/council/basic_policy_subcommittee/mitoshi/006/

（15）FORATOM outlines flexible nuclear solution to intermittent renewable challenge, May 7, 2018
https://www.foratom.org/press-release/foratom-outlines-flexible-nuclear-solution-to-intermittent-renewable-challenge/

（16）Technical and Economic Aspects of Load Following with Nuclear Power Plants
http://www.oecd-nea.org/ndd/reports/2011/load-following-npp.pdf

（17）NUCLEAR ENERGY AGENCY OECD 2011

（18）海外電力調査会データ集，各国の電気事業，2019 年 3 月
https://www.jepic.or.jp/data/

（19）経済産業省資源エネルギー庁，平成 24 年度エネルギーに関する年次報告（エネルギー白

書 2013, 2015）
http://www.enecho.meti.go.jp/about/whitepaper/2013html/
（20） 日本原子力研究開発機構ホームページ，四国電力伊方発電所２号機の出力調整運転試験について（02-08-01-01）
https://atomica.jaea.go.jp/data/detail/dat_detail_02-08-01-01.html
（21） 文部科学省ホームページ，核融合研究
https://www.mext.go.jp/a_menu/shinkou/iter/019.htm
（22） 量子科学技術研究開発機構ホームページ，ITER（イーター）計画
https://www.fusion.qst.go.jp/ITER/iter/page1_1.html
（23） レイチェル・ボッツマン，ルー・ロジャース：シェア＜共有＞からビジネスを生みだす新戦略，NHK 出版
（24） 経済産業省，第５回総合資源エネルギー調査会 基本政策分科会 再生可能エネルギー主力電源化制度改革小委員会資料，令和元年 12 月 12 日
http://www.enecho.meti.go.jp/committee/council/basic_policy_subcommittee/saiene_shuryoku/005/
（25） 東京電力パワーグリッド，千葉方面における「試行的な取り組み」の概要，2019 年８月９日
https://www.tepco.co.jp/pg/consignment/fit/pdf/briefing_20190809.pdf
（26） 経済産業省資源エネルギー庁，再生可能エネルギーの主力電源化に向けた制度改革の必要性と課題，令和元年９月 19 日
https://www.enecho.meti.go.jp/committee/council/basic_policy_subcommittee/saiene_shuryoku/001/pdf/001_007.pdf
（27） 経済産業省，総合資源エネルギー調査会 省エネルギー・新エネルギー分科会新エネルギー小委員会 電力・ガス事業分科会 電力・ガス基本政策小委員会 系統ワーキンググループ資料
https://www.meti.go.jp/shingikai/enecho/shoene_shinene/shin_energy/keito_wg/pdf/025_02_00.pdf
（28） 経済産業省資源エネルギー庁，エネルギー・リソース・アグリゲーション・ビジネス・ハンドブック
https://www.enecho.meti.go.jp/category/saving_and_new/advanced_systems/vpp_dr/download.html#page3-1
（29） 経済産業省ホームページ，鉱工業指数（IIP）について
https://www.meti.go.jp/statistics/tyo/iip/index.html
（30） 電力広域的運営推進機関，第５回需給調整市場検討小委員会資料，2018 年７月
https://www.occto.or.jp/iinkai/chouseiryoku/jukyuchousei/2018/2018_jukyuchousei_05_haifu.html
（31） 経済産業省資源エネルギー庁，「エネルギー革新戦略」の検討状況，平成 27 年 12 月
https://www.enecho.meti.go.jp/committee/council/basic_policy_subcommittee/019/pdf/019_006.pdf

第2章

分散型電源への
パラダイムシフト

1 アンバンドリングのインパクト

アンバンドリングとは？

アンバンドリング（unbundling）とは、直訳すると「ばらばらにする」という意味です。電気事業においてアンバンドリングとは文字通り、既存の電力会社を分割することです。では、そもそも電力会社の分割とはどういうことでしょうか。

例えば、東京電力ホールディングスの場合は、系統運用設備目線では１都８県をカバーしていますが、「東京都」電力や「神奈川県」電力、あるいは「千葉県」電力といった分け方も外形的には考えられます。しかし、電気事業においては地域ごとの分割ではなく、発電、送配電、小売といった業種ごとに分けることをアンバンドリングと言います。したがって、ここではアンバンドリング＝発送電分離と記載します。具体的には、東京電力ホールディングスの場合、送配電部門は東京電力パワーグリッド、小売部門は東京電力エナジーパートナー、そして発電部門は東京電力フュエル＆パワー（現在は中部電力との共同出資会社であるJERAに移管されました）と分割され、それを統べる形で東京電力ホールディングスという形態が採用されました。

全てはアンバンドリングから始まった

ここで申し上げたいことは、**現在の電力システム改革の源流はアンバンドリングにあるということです。アンバンドリング＝発送電分離がなければ、DR事業者もVPP事業者も、アグリゲーターも生まれなかった**のです。

具体的に例示します。東日本大震災以前までは、日本の電気事業は、大手電力会社の本社、あるいは支社の建物内で完結できる事業とも言えました。大胆な言い方をすれば、発電から送電・配電、そして小売事業まで、その運用は１つの建物内の社内調整で、ある程度は済んだわけです。DRやVPP事業ですら概念的作業は社内の複数部門関係者が協議すれば実施可能だったのです。

しかし、物理的に分割すると、社内調整どころの話ではなくなります。間違いなく取引費用は増えるでしょう。一方で、競争原理が導入されるわけですから、経済的合理性が殊更要求される場面も増えます。新たな事業者の市場参入も加速され、電気事業そのものが活性化する可能性も高まり、実際にそうなりました。つまり、全ては東日本大震災以降の発送電分離から始まったといっても決して大げさではないのです。

したがって後頁で詳説しますが、2020年4月は、日本の電気事業の歴史において非常に大きなメルクマール(指標)でした。この源流から、容量市場や需給調整市場が導かれるということになります。

発送電分離の種類

発送電分離は何を目的に行うかで、その分割方法や位置付けが異なります。欧米では、1990年代からネットワーク部門（送配電部門）の開放を目的として法改正が進みました。なぜ、ネットワークの開放なのでしょうか。それは、欧米の規制当局は、発電部門や小売部門で新規事業者の市場参入を加速させ、結果として

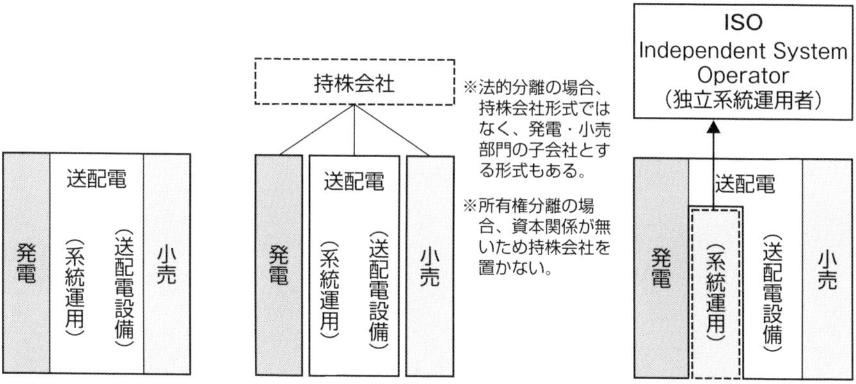

【会計分離】
送配電部門の会計を他部門の会計から分離、公開し、送配電部門への料金支払等の条件について、他の電気事業者との間での公平性を向上させる。

【法的分離】
送配電部門全体を別会社化。民営電力会社の場合、持株会社形式等を採ることが想定される。

【所有権分離】
送配電部門の別会社化に加え、発電・小売会社との資本関係も解消する。電力会社が国有の国での事例が多い。

【機能分離】
送配電設備は電力会社に残したまま、送電線の運用・指令機能（系統運用機能）だけを別組織に分離する。

図20　4種類のアンバンドリング
出典：経済産業省資源エネルギー庁、電力システム改革専門委員会報告書(2013年2月)

競争状況が育まれて電気料金値下げに繋がることを期待したからです。確かにネットワーク部門を電気事業者から分離すれば、中立性が高まります。そして、それ以外の領域、発電部門や小売部門での事業者間競争は促されます。諸外国事例を参考にすると、発送電分離は主として4種類に大別されます(**図20**)。

(1) 会計分離

2003年度の電気事業法改正により、送配電部門の会計を他部門の会計から分離させる方法が導入されました。これを会計分離と呼びます。考え方として、送配電部門と発電･小売部門に一定の物理的な壁を設け、それにより、①情報遮断、②内部相互補助の禁止、③差別的取扱いの禁止を履行するものです。筆者の記憶でも、電力会社本店のフロア替えが実施され、「ここからは行為規制エリアなので関係者以外立ち入り禁止」と物々しい看板が送配電部門に掲げられました。今では当たり前の話ですが、これが発送電分離か…と、当時としては驚きをもって迎えられました。

行為規制という言葉は、構造規制と対になるもので、独禁法上の概念です。前者が「**競争阻害的な事業者の行為を禁止する規制**」であるのに対し、後者は「対象となる市場を非競争的な市場構造に変容させないことを目的に、**当該市場構造そ**

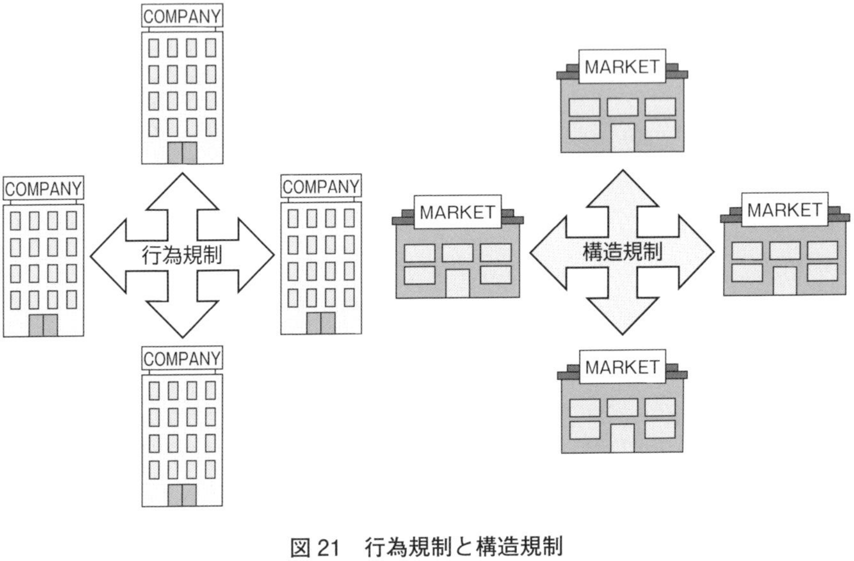

図21　行為規制と構造規制

のものに規制をかける」と大きく異なります。つまり、行為規制の場合、電気事業という大きな市場そのものの規制ではありません。個々の電気事業者の市場行動に対して規制の網を掛けます。その分、事業者ごとに実務的かつ意識的な物心の壁を構築する側面が強くなります。一方で、構造規制を大上段に振りかざすまでもなく、送配電部門の独立性・透明性は確保されて、電力市場の健全な競争状態が維持できるとの前提に立ちます(**図 21**)。

会計分離の①から③を担保するために、④行政による事後監視・紛争処理機能の整備も導入されました。当時の報告書には「これらの規制を確実に担保し得るよう、高度な専門性を持って、中立・公正な事後監視・紛争処理を行う仕組」の整備が謳われ、それが市場監視小委員会設置に繋がりました。具体的には、2009年6月開催の第六回総合資源エネルギー調査会・電気事業分科会・市場監視小委員会において、電気事業分野における紛争等案件及び託送等供給業務における行為規制について審議されました。

(2) 法的分離

現在の発送電分離は、この法的分離に基づきます。2020年4月より、送配電部門の中立性を一層確保する観点から、大手電力会社は送配電部門を別会社にして、それを例えば、持ち株会社の傘下に置く形になります。法的に分けるのですから、会計科目や従業員の所属、当然ながら事業を行う行為そのものも明確に区分されます。つまり、会計分離よりも各々の独立性は確保されます。

分かりやすく表現しましょう。例えば、会計分離では送配電部門も小売部門も同じ建物内ですが、フロアが異なるイメージです。一方、法的分離の場合、もう少し踏み込んで、両部門は異なる建物で業務を担うイメージです。あくまでもイメージで、こうしなければならないというものではありません。物理的に大きく距離を保つのです。実際に東京電力ホールディングスの場合、東京電力パワーグリッドの本社所在地は東京都千代田区内幸町ですが、小売部門である東京電力エナジーパートナーは東京都中央区銀座と分離しています。筆者の経験上申し上げると、物理的に異なる建物に所属することは、実質的には別会社であるとの心理的インパクトが強くなります。会計分離では「別部門」ですが、法的分離では「別会社」と同義なのです。

法的分離の先行事例としては、フランスの電力自由化が参考になります。1999

年から部分的に自由化が開始され、2007年に全面自由化が施行されました。欧州大陸では自由化の機運が高まるにつれて越境市場参入が加速しました。しかし、フランス電力（EDF）は国有企業であったことが障壁となり、越境参入の波に乗り遅れがちでした。そこで、同国政府は2004年に株式を一部公開して（IPO化）そのハードルを下げ、さらには翌年、送電部門を分離独立させてRTEを設立しました。RTEはその後、欧州エネルギー規制委員会にITO（Independent Transmission Operator：独立送電運用事業者）を申請するために株式の49.9%を売却し、一層の独立性を担保しています。

フランス人の同僚から興味深いエピソードを聞きました。2007年にRTEに入社した同僚曰く「RTEは入社の年次で2階層ある。閾値は2004年だ。2004年以前にEDFに入社し、その後RTEに転籍したもの。2005年以降にRTEに入社したもの。後者はEDFへのロイヤリティは皆無だが、前者はそうでもない。独立中立性を信条とするITOとしては悩ましい問題だ」と。フランス人同僚のナイーブな懸念は法的分離の今後の課題かもしれません。

日本の法的分離はさらに2種類に分かれますが、これは後ほど解説します。

（3）所有権分離

所有権分離は、法的分離よりも一層厳格な形態です。法的分離の場合、送配電会社と親会社間の資本関係は認められています。しかし、所有権分離は送配電部門とそれ以外の資本関係をなくし、結果として送配電網の所有権をはく奪する手法です。大手電力会社は一般論として、競争状態に晒されていない公的色彩の強い系統運用部門の信用を担保に、金融機関から融資を受けたり、社債発行を実施します。この公的部分がはく奪されるので財務的には厳しい状況に追い込まれることも多く、実際に財産権を巡る訴訟も数多く見られます。

現在、所有権分離方式を採用する国では英国が代表的です。英国は1990年に電力自由化が導入されると共に、国有電力会社の発送電分離を敢行しました。その結果、送電会社は1社のみとし、それにより所有権も発電会社や小売会社から分離されました。それが現在のNational Grid社で、送電事業だけではなくガス導管事業も担っています。

（4）機能分離

ここで言う機能とは、送配電設備の運用機能を指します。機能分離とは、送配電設備の所有権は電力会社に残した状態で、当該設備の運用および指令の機能を中立的な第三者機関に委ねることを言います。この第三者機関をISO（Independent System Operator：独立系統運用機関）といい、この機能分離は米国カリフォルニア州やテキサス州等で採用されています。

20年以上前に、設立直後のCAISO（California ISO）を訪問する機会に恵まれました。その際、「2つの方向性をCAISO副社長が主張していた」と当時の自身のメモにあります。第一に「オープンアクセスの重要性」、第二に「DSRの重要性」です。オープンアクセスとは、誰でも自由に送配電設備を活用できる市場環境をいいます。この2つは今の日本の電力システム改革の柱でもあり、その先駆性には一目置かざるを得ません。その一方で、当時のCAISO副社長のコメントとして**「送電網の所有権はないが、その設備投資の意思決定は我々（CAISO）が行う」ともメモに書かれていました**。

ここが機能分離の難しさだと思います。本当に必要な設備投資が、本当に必要なタイミングで適切に行えるのか。実際、現在のカリフォルニア州の電気事業が上手く機能しているようには思えない面もあります。その事例をご紹介します。2019年10月、3日間にわたり同州中部・西部で広域的な計画停電が実施されました。直接的な原因は、乾燥した強風による山火事の発生だとされています。しかし、同州知事は、記者会見で「計画停電は気候変動が直接の原因ではなく、Pacific Gas & Electric（PG&E：カリフォルニア州北部の天然ガス・電力供給を行う企業で、500万強の契約者数を持つ）が、送電網の整備に努めなかった結果で起きた」とコメントしました。その後、同州で計画停電が頻発しているのは御承知の通りです。

日本の法的分離は2種類あると前述しました。繰り返しになりますが、主眼は送配電部門の中立性を確保することです。そのために、沖縄を除く大手電力会社は、2020年4月以降（東京電力ホールディングスは2016年4月から）送配電部門を別会社にしました。この別会社化にも次の2種類があるのです（**図22**）。

（1）持株会社方式

東京電力ホールディングスと中部電力が採用しています。一般管理部門や原子力発電部門、技術開発や知財管理等を所管する事業会社と、送配電事業会社、小売事業会社、火力発電事業会社の4分割のイメージです。東京電力と中部電力の

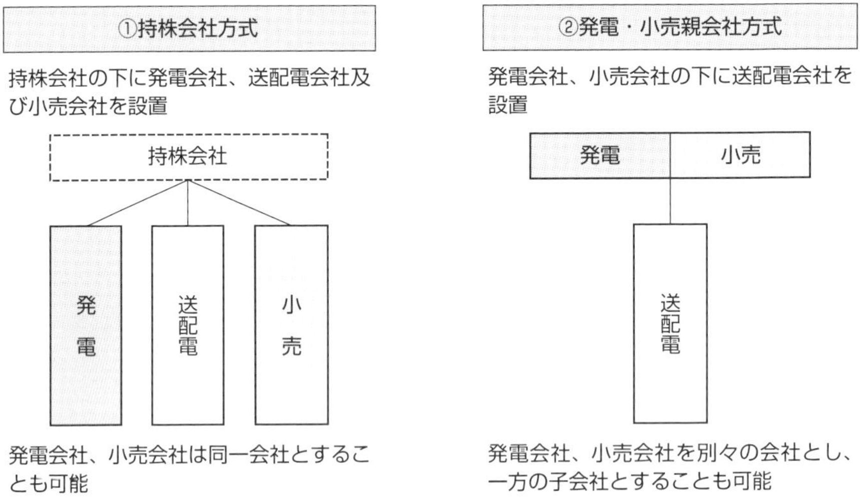

図22　持株会社方式と発電・小売親会社方式

出典：経済産業省電力・ガス取引監視等委員会事務局、「法的分離（兼業規制）に伴う行為規制の検討」（平成29年3月）

火力発電事業は、2019年4月から折半出資したJERAに統合されました。同社は、両社の燃料事業、日本国内・海外の発電事業を承継し、世界最大級の火力発電会社として、再生可能エネルギー分野への進出を含めて今後の発展が期待されるところです。

（2）発電・小売親会社方式

北海道電力、東北電力、北陸電力、関西電力、中国電力、四国電力、九州電力、電源開発が採用しています。発電事業および小売電気事業等を運営する事業持株会社が、その株式の100％を保有する送配電会社（電源開発は送変電会社）を設置する形態です。

RTE出身の同僚の例を引き合いに、法的分離のナイーブな課題に触れましたが、EDFは発電・小売親会社方式です。日本でも同様のメンタリティは想像できます。親会社に対するロイヤリティは、日本型雇用の代表格である終身雇用とも連動するウエットなテーマです。一方で、終身雇用の崩壊も叫ばれる中で、時代に即応した制度設計の軌道修正も適時適切に求められるはずです。どんな制度にも完成はありません。時代の潮流に即した朝令暮改は、大いに結構だと思います。

カリフォルニア州の計画停電

ここ数年、カリフォルニア州は計画停電が相次いでいます。2018 年以降、年間 3 回程度の頻度で実施されており、2019 年に続いて 2020 年も 8 月 14、15 日と、緊急事態宣言「ステージ 3 」が発令され、 2 時間程度の計画停電が 2 回実施されました。自主的な節電を市民に呼び掛ける Flex Alert も常態化しています。

トランプ大統領（当時）が Twitter で「民主党はエネルギー政策に失敗した」と酷評したのは、カリフォルニア州知事が民主党出身者だからです。カリフォルニアと言えばシリコンバレーに代表されるように GAFA のお膝元ですが、そこで電力安定供給がままならない事態というのはただ事ではありません。実際、Apple はテキサス州に工場を移転しました。加えて、地価の異常な高騰がオフィス賃料にも波及していて、隣州のアリゾナに移る企業も多いようです。串型の電力ネットワークに太陽光発電によるダックカーブの影響、あるいは頻発する山火事（野焼きといった計画火災が環境団体の反対により実施できないことも要因の 1 つとされています）に熱波・渇水と、その理由には事欠きませんが、 1 つ言えるのは、一時的事象ではなく温暖化等による構造的な要因ということです。同州のニューサム知事が、2035 年までにガソリン自動車とトラックの新車販売を禁止するという行政命令に署名したことと連動する話なのです。GDP 規模で世界第 5 位である同州は最早「夢のカリフォルニア」ではないし、同じ串型ネットワークである日本も他山の石とすべきでしょう。

2 電力ビジネスにおけるプロシューマー

プロシューマーとは？

第 1 章では、直流発電機で近郊の需要家にのみ送電していた 140 年前の電気事業の黎明期を紹介しました。当時の需要家は、主に敷地内に設置した自家発電機を活用していたのですが、この自家発電機は電気のプロデューサーということになります。一方で、系統連系線から電力供給を受ける場合は電気のコンシューマーです。それでは、自家発電機を所有するプロデューサーでありながら、系統連系線により電力供給を受けるコンシューマーでもある需要家は何と呼ぶべきなのでしょうか。

昨今の事例に置き換えます。太陽光発電を自宅屋根に設置して自家発自家消費する一般家庭を想像してください。晴天の時は太陽の恩恵で発電し利用します。当然、配電線を通じて系統連系線とも結節しているので、曇天時には系統電源を利用します。こうしたプロデューサーとコンシューマーが融合した主体をプロシューマー（prosumer）と呼んでいます。

第三の波

プロシューマーの概念を世に紹介したのは、米国の未来学者アルビン・トフラーが1980年に著した『第三の波』と言われています。今回、改めて読み返しましたが、著者の卓越した革新性と、超人的な予見性に終始圧倒されました。例えば、「テレビは個人ビデオに取って代わられる」と書き、40年前に既にYouTubeの出現を予言しています。また、我が国は、高齢者デモクラシーと言われて久しいですが、これも的中させています。何より、今回の新型コロナウイルスによる在宅勤務が新常態になっている様を、1980年の時点で情報工学の発展に紐付けて「エレクトロニクス住宅」による家庭中心のライフスタイルとして見事に予言しているのには畏敬の念すら覚えます。電力関係では原子力に関する記述が興味深いです。1980年というのは米国スリーマイル島での原子力・炉心溶融事故の翌年ですが、原子力の継続的な活用は変わらないと予言する一方で、高価で危険な脱線であることを認識する、という表現で警鐘を鳴らしています。

第三の波とは、農業革命・産業革命と続く次の「情報革命」を指します。トフラーが考える産業革命とは、生産と消費の役割分担を前提にする産業構造と、筆者は理解しました。生産側はマスプロダクションにより規模の経済を追求し、結果として、消費側は経済合理性を獲得する考え方です。一方、**情報革命は、この生産と消費の間に「情報」が介在**します。それはインターネットであり、人工知能であり、深層学習であり、これらの仲介により双方向性が可能になる時代の到来を予想したのです。正に、**情報によるマスプロダクションのアンチテーゼ化**です。

プロシューマーは先祖返り？

戦後の電気事業は、マスプロダクションにより規模の経済を追求した、産業革命を地でいく事業モデルでした。言い換えると、発電所(プロデューサー)から送電網・変電所・配電網を介して消費者(コンシューマー)に一方通行で届ける事業フローでした。しかし、これからは再生可能エネルギーに代表される分散型電源によりパラダイムシフトが生まれます。トフラーの予言通り、双方向の事業構造にシフトするのです。でも、ちょっと振り返ってください。**黎明期は自家発電機を活用していたわけで、文字通り「自産自消」です。「地産地消」とも言えます。この自家発電機を太陽光発電に置き換えれば、当時からプロシューマーだった**のです。電気事業は温故知新でもあると書きました。現在の潮流も、黎明期を探ることで、将来のヒントが隠されているのかもしれません。

現代のプロシューマーである太陽光発電ですが、その将来像はどのようなものなのでしょうか。ここで、「卒FIT」という聞きなれない言葉が登場します。FITについては、**第1章**で紹介しましたが、太陽光等の再生可能エネルギーの電気を、一定の期間・価格で電気事業者が買い取ることを義務付けるものです。この一定期間ですが、10kW未満の住宅用設備は10年間と定められています。したがって、2009年からスタートしたFIT制度以降、10年を経過しFIT対象設備の効力が失効したものを卒FITと称します。これは年々増えていきます。FITの場合、その環境価値は、再エネ賦課金(再生可能エネルギーの普及・拡大を目的に、FIT法に基づき、電力会社の再エネ買取費用を消費者が負担するものです。毎月届く電力会社からの「電気ご使用量のお知らせ」に記載されています)経由で国民に広く薄く還元するという考え方に基づくので、この10年間には環境価値はありませんでした。しかし、卒FITは違います。自宅で生まれる太陽光発電は、CO_2エミッションフリーの地球にやさしい環境価値満載の電気なのです。

この卒FITの担い手こそプロシューマーなのですが、**図23**にあるように、2020年で73万件、2023年には165万件と推定されます。仮に1戸当たり平均3kWの太陽光発電設備とした場合、約500万kWのプロシューマー誕生になります。経済産業省資源エネルギー庁の試算では、太陽光発電の設備利用率は13.4％としているので、年間1,174時間であり、その結果、年間約58億kWhの卒FIT太陽光電力が産出される計算です。

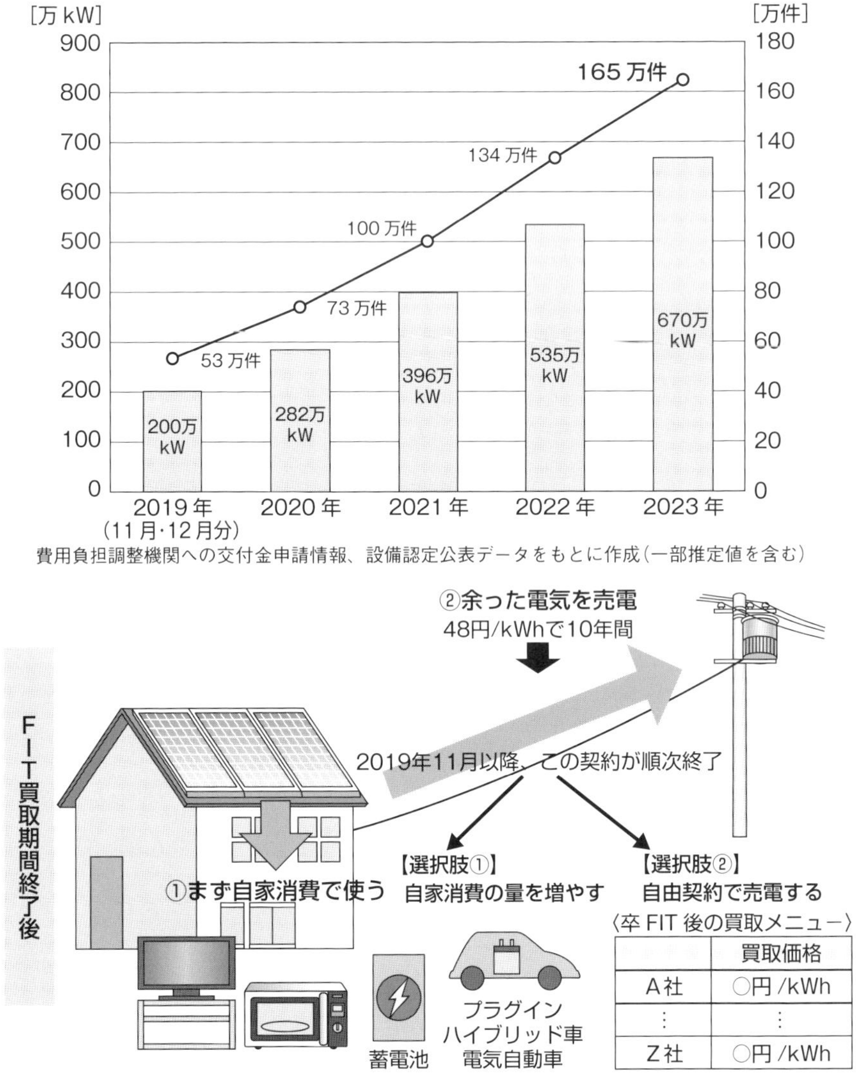

図23　FITを卒業する住宅用太陽光発電の推移(累積)とその概念

出典：経済産業省資源エネルギー庁、「更なる再エネ拡大を実現するためのエネルギー需給革新の推進」(2019年7月5日)

蓄電池が不可欠

この卒FIT太陽光ですが、どのように活用するのが合理的なのでしょうか。一般論として、太陽光の弱点は「お天道様次第」ということです。曇天や雨天では発電しないし、夜間も同様です。したがって、**太陽光により自給自足を達成するにはどうしても蓄電池の設置もパッケージになります**。蓄電池には「鉛蓄電池」、「ニッケル水素電池」、「リチウムイオン電池」、「NAS電池」などがありますが、ここではリチウムイオンを前提に話を進めます。

蓄電池の最大のネックは値段です。筆者も委員を務める経済産業省資源エネルギー庁のERAB《イーラブ》検討会（Energy Resource Aggregation Businesses）では、VPPの自立化を目指した定置用蓄電池の価格の考え方として、2020年度には9万円／kWhという目標価格を設定しました。一方、米国では既に5万円を切る商品も出ており、家庭用蓄電池は政府補助金等を活用すれば、さらに安くなる可能性があります。

V2Hとは？

一方で、電気自動車を蓄電池代わりに使う考え方もあります。第1章でも紹介しましたが、駐車場で「寝ている」時間と太陽光の発電時間をマッチングすることで、自家消費以上の発電分を逆潮流させることなく充電に充てれば、自動車の「燃料費」はタダということにもなります。ちなみに「逆潮流」とは、消費電力＜自家発電力の場合、その余剰分を系統連系線を通じて電力会社へ送電することを言います。

こうした考え方をV2H（Vehicle to Home：電気自動車に蓄えた電気を家庭で使う仕組み）と言います。駐車場で停まっていても蓄電池機能を発揮するので、様々な用途が考えられます。例えば、2019年9月の首都圏を襲った台風15号では千葉県を中心に長時間の停電が発生しました。しかし、そのような**自然災害で供給途絶が起きても駆動用バッテリから電力を取り出して、家庭用非常用電源として利用することも可能**になります。

あるいは、電力需要が増えるピーク時間帯に、電気自動車の蓄電池に夜間充電した電力を使うことで、需給調整力としての機能を果たすことも考えられます。

2021年度から随時開設予定の需給調整市場は、こうした調整力を取引する市場なので、V2Hの概念は事業機会にも恵まれるはずです。これからは、V2Hを活用するプロシューマーが、VPPサービスを提供するアグリゲーター（需要家の

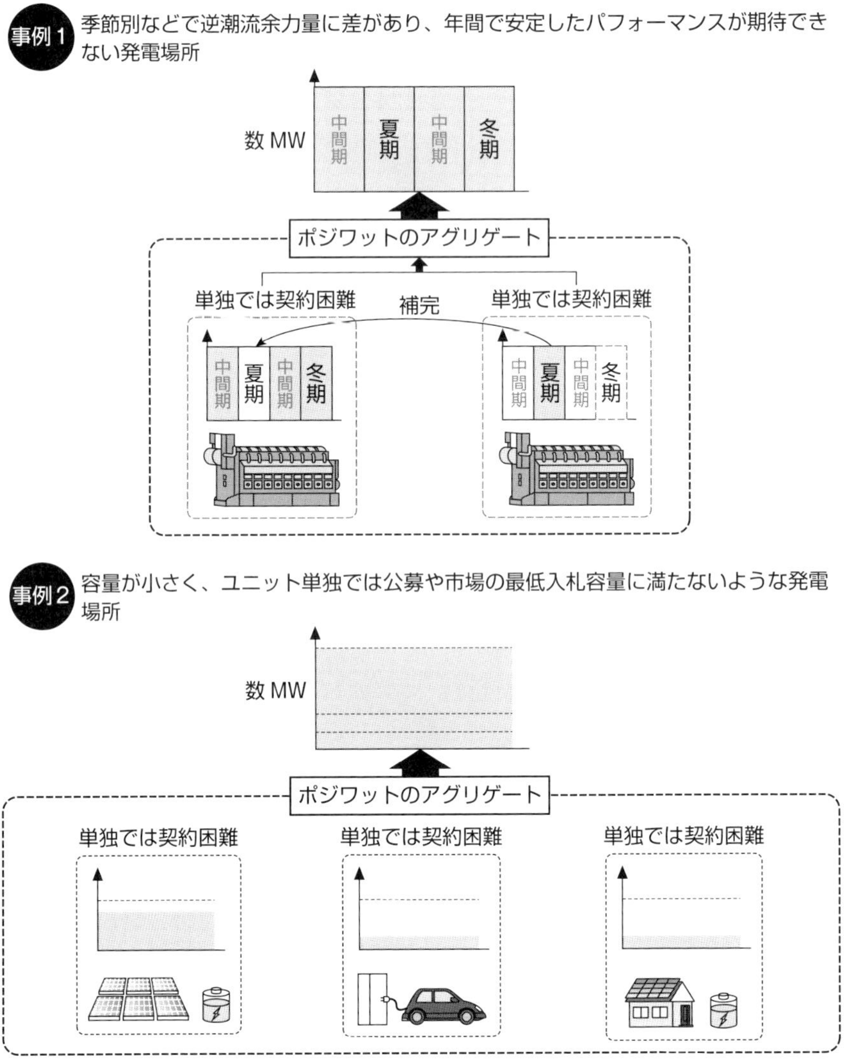

図24　逆潮流アグリゲーションが期待される事例

出典：経済産業省資源エネルギー庁、「逆潮流アグリゲーションの調整力としての活用」（令和元年10月4日）

需要量を制御してネガワットを創出し、それを束ね、一定の量を確保し取引することで電力需給バランスを担う事業者）と契約することで、電力系統運用上の課題、例えば、周波数制御等の電力品質維持や再エネの出力制御回避等に貢献できるのです。

ポジアグリとポジネガアグリ

この概念はポジアグリゲーション（通称「ポジアグリ」）と呼びます。 **複数の発電場所をアグリゲーションして1つの調整力と見なし、市場に供出し得る必要最低量を確保**します。あるいは、量はあるものの、季節的ばらつきがあるため、年間定量が確保できない事例もアグリゲーションの対象になります。こうした自家発・蓄電池や、家庭用太陽光発電、電気自動車、燃料電池（低圧接続）等による逆潮流量を束ねたものがポジアグリということです。

この束ねる業務を担うのがアグリゲーターです。**アグリゲーターは、ポジアグリ以外に、逆潮流分と需要抑制量（ネガワット）を組み合わせてアグリゲーションすることも可能**です。**これをポジネガアグリと呼びます**。こうしたポジアグリ、あるいはポジネガアグリを、相対契約や卸電力市場を通して小売電気事業者の供給力として活用することは既に始まっています。一方で、一般送配電事業者が調整力として活用できるような制度設計は現在進行中で、その舞台が需給調整市場なのです（**図24**）。

トフラーが世に問うたプロシューマーの考え方は、電力ビジネスではポジアグリ・ポジネガアグリに活かされています。さらには、電力システム改革の柱の1つである需給調整市場や、**第4章**で紹介する日本卸電力取引所（JEPX）の時間前市場（intra-day market）が活躍の場として控えているのです。

3 kW価値を扱う容量市場

なぜ容量市場なのか？

1. のアンバンドリングの所で触れたように、東日本大震災以降、一挙に進んだ電力システム改革ですが、そのマイルストーンの１つが「容量市場」なのは言うまでもありません。そもそもなぜ、容量市場なのでしょうか。そこで、2020年４月時点でのbefore・afterで整理したいと思います。つまり、アンバンドリング（発送電分離）を前後に、「地域独占」、「総括原価」、「分散型電源」の３つの軸で考えると１つの解が浮かび上がります。

まず地域独占とは、北海道電力から沖縄電力まで、10電力会社が安定供給を前提に、エリアを分けて独占的に発電から販売に至るまでを一貫運営する体制です。これは2000年３月に始まった小売自由化以降、2016年４月の全面自由化に至り一応のゴールを迎えました。実際に2020年12月18日時点で計693もの小売電気事業者が日本全国で電力小売事業を展開しています。

２つ目の総括原価は、いわば地域独占と安定供給との相関で考える必要があります。独占形態が認められる代わりに、何があっても電力供給途絶はあってはならないとの至上命題が安定供給のコンセプトです。筆者は34年前に現場第一線の配電班長が言った言葉が忘れられません。「雨が降ろうが、槍が降ろうが、身内に不幸があろうが、停電があれば現場に向かうのが電力人だ」。今考えるとモラハラ・パワハラの類ですが、当時は多くの電力会社社員には違和感のない言葉だったと思います。前提にあるのは安定供給に対する使命感ですが、これは昨今の電力レジリエンスに通じるものがあります。**電力レジリエンスとは、電力インフラを構成する発電所や送配電網が自然災害等で機能不全に陥っても、停電を回避し消費者に電気を届ける能力を意味します**。以上は、配電小売サイドの目線ですが、発電サイドが担う安定供給の風景は少し異なります。

「１年8,760時間、１分１秒でも供給途絶があってはならない」とは、たとえ１分１秒のためでも発電所を保持することと同義です。発電所に指令を送る中央給電指令所（通称「中給（チュウキュウ）」）からすると、オンラインで接続されている発電所の稼働率が、たとえ年間10時間でも、安定供給のためには重要な電源なのです。年間10時間とは設備稼働率としては0.1％に過ぎない発電所です。アセットマネジメントの観点では不経済で、このような発電所を維持管理することは不合理です。しかし、電力需要を所与のものとして、供給力を積み上げる発想の下では欠かせない電源になります。このジレンマに解を与えたのが総括原価方式でした。

総括原価方式とは、電力会社のできる限りの経営効率化を前提に、電力安定供給に不可欠と考えられる費用に適正利潤を合算した額（総原価等）と、電気料金収入が等しくなるよう設定された方式です。当該方式ならば、年間10時間のための電源も費用として計上可能です。安定供給のためには、仮に経済合理性に難があったとしても、必要不可欠な電源です。しかし、電力自由化の局面では最早不可能です。コストの高い電源（稼働率の低い電源のこと）は消費者に選んでいただけません。そうなると、稼働率の低い電源は淘汰、休廃炉されることになります。

ダックカーブ現象

3つ目が分散型電源の台頭です。ここで言う分散型電源とは、風力・太陽光といった再生可能エネルギーです。第1章でも触れましたが、蓄電池等とのパッケージが主力電源化に向けてのポイントの1つなのですが、現状では好天時にのみkWh価値を供出する電源です。これがどのような現象を引き起こすのでしょうか。例えば、それは米国カリフォルニア州で顕在化した「ダックカーブ現象」です。同州では、2013年前後より太陽光発電の大量普及等に伴い、日中は太陽光によ

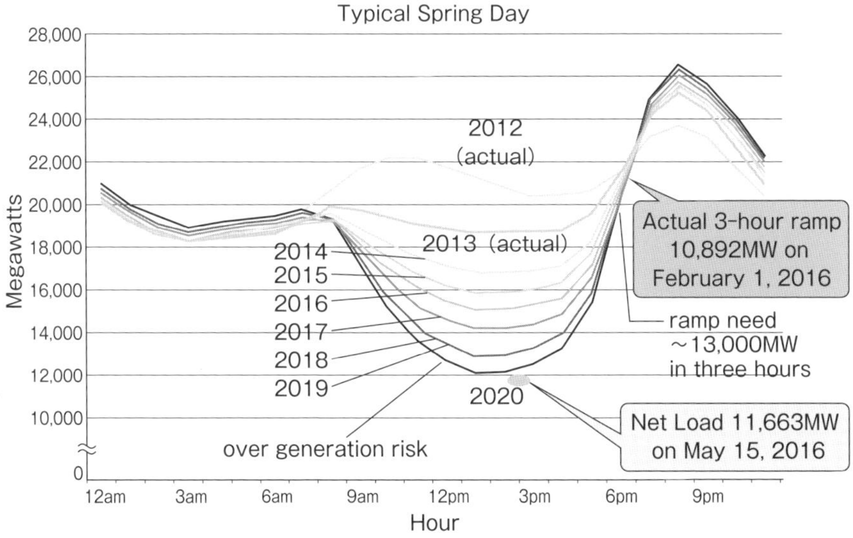

図25　ダックカーブ

出典：California ISO、Fast Facts「What the duck curve tells us about managing a green grid」

る電力供給で需要を賄う一方、需要ピークに当たる夕方午後５時以降（点灯ピーク時間帯）に系統電力需要が急増する現象が常態化しています。１日の電力負荷曲線(実質ロードカーブ)が、アヒルのような形を描くことからダックカーブと呼ばれるようになりました(図25)。

ランプ変動

このダックカーブ現象が系統運用の観点で悩ましいのは、実質需要の急増に対処するために、点灯ピーク時間帯に向けて負荷追従性の高い電源を常時スタンバイさせておく必要があるからです。CAISOの資料によると、2016年春にはわずか３時間のリードタイムで、1,300万kWに及ぶ立ち上がりが早い調整電源が必要だったとあります。同州の最大電力需要は4,000万kW前後ですから、実に30％以上の電源を３時間以内にフル稼働させて電力系統に接続させなければなりません。こうした急峻かつ大規模な電力負荷追従性をランプ変動(ramp need)と呼びます。

ダックカーブ現象と、それに伴うランプ変動への対処方法としては、DRおよび蓄電池の普及拡大に他なりません。実際に、同州では太陽光の進捗に連動して、DRの普及拡大は一挙に進みました。加えて、負荷追従性が高い火力や揚水水力の一定量確保が重要です。しかし、地域独占で総括原価の時代ならばともかく、電力自由化の環境下で、稼働率の低い電源を維持するのは合理的ではありません。

ミッシングマネー問題

一般論として、電気という財は貯蔵が利かないため、年間8,760時間の需要変動に合わせて供給力を確保します。見方を変えれば、需要がない時間帯は電気を売るための稼働ができない。つまり、それらは余剰設備でありコストセンターです。総括原価方式ならば、設備の固定費回収も可能でしたが、自由化の下では稼働しなければ金銭的価値はゼロなのです。加えて、分散型電源の興隆により、カリフォルニア州の例を見るまでもなく、その稼働率は一層低下傾向にあります。固定費の回収が見通せなければ、普通の経営者ならば設備投資は二の足を踏むでしょう。既存の大規模電源も採算性は悪化するに違いありません。こうした投資回収の予見性が担保できない状況をミッシングマネー（missing money）問題と呼んでいます。

kW 価値を取引するのが容量市場

そこで、電源設備の固定費を回収し得るスキームとして容量市場の活用ということになります。第1章でも触れましたが、電力システム改革では3つの価値が重要です。kW 価値、kWh 価値、ΔkW 価値ですが、容量市場は電力量（kWh）ではなく、将来の供給力（kW）を取引する市場です。発電所や DR といった供給力を金銭価値化し、多種多様な発電事業者や DR 事業者がオークションを通じて参加し、必要となる供給力を確保するスキームなのです。

容量市場は、2024 年開始に向け 2020 年 7 月に第 1 回メインオークションを開催しましたが、欧米では既に導入されています。kW 価値とは供給能力であり、安定供給に必要な量をアデカシー（adequacy）と呼びます。このアデカシーを調達するスキームが容量市場ですが、その具体策は国によって様々です。ここではイギリス、フランス、ドイツの例を紹介します。

イギリス市場と Net-CONE

イギリス容量市場は、制度設計思想が日本のそれと次の２点で類似しています。第一が、市場を管理運営する公的主体が、一括して発電事業者や DR 事業者から kW 価値を確保する点。日本の場合、この主体は電力広域的運営推進機関が担います。電力広域的運営推進機関は、経済産業省を監督官庁とする中立的な認可法人です。第二が、価格はオークションで決定される点。実は、この約定価格が１つの課題を浮き彫りにします。そもそも、容量市場導入のきっかけはミッシングマネー問題の解消でした。発電所建設や維持管理に必要な固定費を回収し得るかどうかですが、そのベンチマークを Net-CONE といいます。Net Cost of New Entry の略で、天然ガス火力発電等の新規建設コストから卸電力取引市場等で得られる期待収益を差し引いた値です。つまり、この Net-CONE 以下の値段でオークションが約定した場合、固定費の回収が不十分ということになります。

しかし、残念ながら、イギリスの場合、過去４年間では全て Net-CONE を下回っています（**図 26**）。最大の要因は、90％以上の落札電源が既設電源であることです。すなわち、イギリス容量市場は老朽電源の維持更新には効果的ですが、

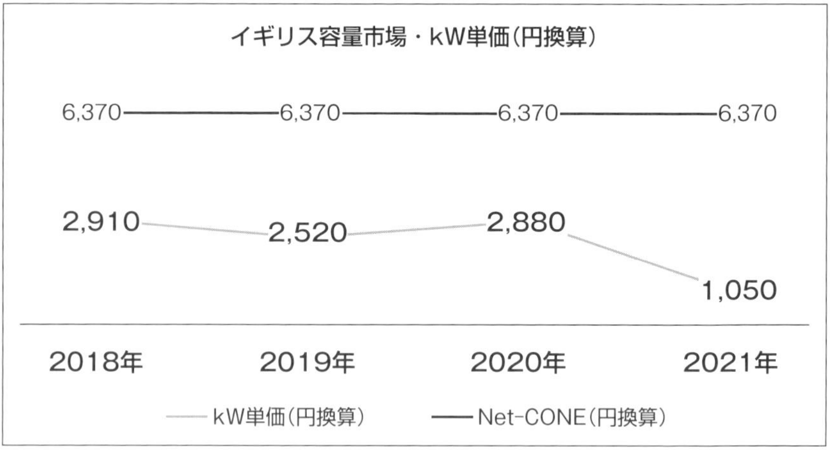

図 26　イギリス容量市場オークション価格推移
出典：National Grid Auction results をもとに筆者作成

新設電源建設のインセンティブにはなり得ないことを示唆しています。これは、今後の日本版容量市場の制度設計上、大いに検証すべき課題だと考えています。

フランスの BRP とは？

フランスでは、kW 価値を調達するメカニズムは複数存在します。容量市場もその１つですが、日本や英国の制度と大きく異なるのはアデカシーとセキュリティのメカニズムを分けていることです。また、一括オークションではなく、BRP が各々独力で確保する点も異なります。BRP とは Balancing Responsible Party の略で、実需給の１時間前までの需要量と供給量を一致させる責務を負う主体のことです。日本では BG (Balancing Group)と呼んでいます。例えば、フランス最大の電力会社である EDF は BRP ですし、日本の東京電力エナジーパートナーや中部電力ミライズは BG ということになります。

フランスはアデカシーとセキュリティを分けて調達

安定供給に必要な量をアデカシーと紹介しました。そもそも安定供給上に必要な量とはどこまでを言うのでしょうか。例えば、東日本大震災直後の首都圏は、間違いなくアデカシーを超越した次元だったので、計画停電という最終手段で系統崩壊を防ぎました。ちなみに、人によっては「周波数低下リレー（UFR）があるじゃないか」と言うかもしれませんが、それは少数派です。UFR はいつどこがどの程度停電するのか、予見性が乏しいからです。

それでは、2019 年 9 月の台風 15 号に起因する千葉県を中心とした停電被害はアデカシーの範疇なのでしょうか。一般論として、大停電に至る経緯として、1 つの事故やトラブルが次の事故等の誘因となって拡大する傾向にあります。2003 年 8 月に起きたアメリカ・カナダ北東部大停電しかり、同年 9 月のイタリア大停電しかり。

そこで、**一定程度の計画外停止や事故停止（*N*−1 状態）が発生することを前提に、電力供給信頼度を設定する考え方をアデカシーと定義**します。**一方、セキュリティは、突発的事故などに対してその影響の拡大を抑え込む能力のこと**です。つまり、セキュリティを維持するために、言い換えると、系統崩壊という最悪の事態を回避するために、一定程度のアデカシーを犠牲にすることもあるのです。東日本大震災における首都圏の計画停電は、その事例と言えましょう。

フランスの kW 価値を提供するメカニズムは 3 つに大別されます。「容量市場（MECAPA）」、「AOE（DR 専用市場）」そして「緊急遮断スキーム（Interruptible Mechanism）」です。容量市場と AOE はアデカシーのため、緊急遮断スキームはセキュリティ目的と区分できるでしょう。3 つのスキームの詳細は後章で紹介します。

ドイツの戦略的予備力は新設まで期待していない

さて、ドイツです。結論を申し上げると、国内外の発電設備が余剰状態との判断により容量市場は導入しませんでした。しかし、需給ひっ迫時にのみ稼働させる戦略的予備力（Strategic Reserve）というスキームで、有事の kW 価値を確保しています。これはアデカシーを含めた kW 価値を担保することと同じですから、容量メカニズムの 1 つではありますが、大きく異なるのが電源の新設は考えていないということです。ドイツは再生可能エネルギーの導入拡大に国を挙げて取り組んでいることは御承知の通りです。既に、その発電設備容量は、名目上は需要を大きく上回っているのです。しかも国際連系線を通じて電力の輸入も可能です。それでも不測の事態に備える意味で、戦略的予備力というスキームでアデカシー・

セキュリティを担保しているのです。

戦略的予備力には複数のスキームが存在します。例えば、南北送電線の混雑解消を目的とした「系統リザーブ」は、廃止申請された電源のうち、送電事業者が系統運用上必要と判断した電源を予備力として活用します。これには数百万 kW の老朽石炭火力が含まれています。「容量リザーブ」は、あらゆる選択肢を以てしても供給力不足が顕在化する事態に備えた予備力確保策で、規制当局が入札により確保します。この場合は起動時間が短く負荷追従性の高い電源が条件になっているため、石炭火力は含まれない可能性が高いです。これらの施策により、仮に卸電力市場価格が暴落しても、アデカシーあるいはセキュリティ上必要な既存電源の廃炉を阻止するスキームを確立しました。換言すると、**再生可能エネルギー拡大のための制度的バッファーが戦略的予備力であり、そこに石炭火力が含まれているのは、パリ協定締約国の目線では不都合な真実かもしれません。**そこで、2020 年 7 月に「脱・石炭法」を成立させ、石炭・褐炭火力発電を 2038 年度までに全廃することをコミットしました。詳しくは第 4 章で紹介します。

以上のように、容量市場といっても国によって様々な形があります。重要なのは、その国情に応じた制度設計を考えることです。欧州市場を観察していて実感するのは、国際連系線の存在です。日本のように島国で、しかも 50Hz/60Hz と分かれている国情からすると、つくづく羨ましい。欧州各国の制度設計を議論しても、フランスもドイツもスペインも、島国のイギリスですら、実は全てが国際連系線で繋がっているのですから。言い換えると**電力融通を日常的に履行し得る環境は、欧州全体で電力市場を眺め、あたかも 1 つの市場として制度設計を考える必然性を感じます。欧州の電気事業は、国ごとに見ても制度設計上の本質は掴めないと思います。**

4 ΔkW 価値を扱う需給調整市場

なぜ需給調整市場なのか？

アンバンドリング以降の電力システム改革において、容量市場と並んで重要なのが需給調整市場です。この市場は、安定供給を達成するため、一般送配電事業者が「調整力」を調達する市場です。一般送配電事業者とは、2020年4月以降、北海道電力ネットワーク、東北電力ネットワーク、東京電力パワーグリッド、中部電力パワーグリッド、北陸電力送配電、関西電力送配電、中国電力ネットワーク、四国電力送配電、九州電力送配電、沖縄電力の10社です(沖縄電力のみ、規模等を鑑み発送配電一貫体制を維持しています)。

ここで改めて、調整力とは何であるかについて説明すると、現実の需給変化に瞬時に追従できる電力量等ということですが、分かりやすい表現を用いると、周波数を維持するための「しわ取り」機能です。しわ取りとは、電力需給の予測値と実績値の誤差を埋める作業であり、この場合、計画値同時同量制度が予測値の前提になります。計画値同時同量制度とは、発電事業者と小売電気事業者が、事前に提出した需要量と供給量をもとにインバランス料金を精算する制度です。「計画値同時同量」が前提の現行制度では、計画と実績の差として、①実需要の1時間前であるGC(Gate Close)後に残った誤差、②FIT特例措置による再エネ予測誤差があります。先に掲示した図19をご覧ください。つまり、このギザギザ部分が「しわ」であり、ここを埋めるものが調整力なのです。

計画値と実績値の差分が調整力ですから、その単位は差、つまりΔ(デルタ)になります。調整力の単位がΔkWと呼ぶのは差分のkWだからです。計画上、あるいは予測上の電力需要が実線部分です。一方で、しわが電力の実需要≒ヒトの実際の経済活動の総和なので、この差分を埋めるには瞬時瞬時のオペレーションが不可欠なのは言うまでもありません。纏めると、**調整力は周波数を維持し、安定供給を果たすために重要な役割を担っており、一般送配電事業者がGC後にこれを調達する場が需給調整市場**、ということになります。

需給調整市場の商品区分

一般送配電事業者が「電力系統を安定化するために必要な調整力を調達する市場が需給調整市場である」ことはご理解いただけたと思います。それでは、どのようなカテゴリーに分類されるのでしょうか。

表1をご覧ください。「一次調整力」、「二次調整力①」、「二次調整力②」、「三次調整力①」そして「三次調整力②」と5種類あります。先ほど、計画(予測)と実

表１　需給調整市場における商品の要件

出典：電力広域的運営推進機関需給調整市場検討小委員会、「需給調整市場に係る論点整理と今後の進め方」（2019年8月1日）

	一次調整力	二次調整力①	二次調整力②	三次調整力①	三次調整力②
英呼称	Frequency Containment Reserve (FCR)	Synchronized Frequency Restoration Reserve (S-FRR)	Frequency Restoration Reserve (FRR)	Replacement Reserve (RR)	Replacement Reserve-for FIT (RR-FIT)
指令・制御	オフライン （自端制御）	オンライン （LFC 信号）	オンライン （EDC 信号）	オンライン （EDC 信号）	オンライン
監視	オンライン （一部オフラインも可※2）	オンライン	オンライン	オンライン	専用線：オンライン 簡易指令システム：オンライン
回線	専用線※1 （監視がオフラインの場合は不要）	専用線※1	専用線※1	専用線※1	専用線 または 簡易指令システム
応動時間	10秒以内	5分以内	5分以内	15分以内※3	45分以内
継続時間	5分以上※3	30分以上	30分以上	商品ブロック時間 （3時間）	商品ブロック時間 （3時間）
並列要否	必須	必須	任意	任意	任意
指令間隔	ー（自端制御）	0.5～数十秒※4	1～数分※4	1～数分※4	30分
監視間隔	1～数秒※2	1～5秒程度※4	1～5秒程度※4	1～5秒程度※4	1～30分※5
供出可能量 （入札量上限）	10秒以内に 出力変化可能な量 （機器性能上のGF幅を上限）	5分以内に 出力変化可能な量 （機器性能上のLFC幅を上限）	5分以内に 出力変化可能な量 （オンラインで調整可能な幅を上限）	15分以内に 出力変化可能な量 （オンラインで調整可能な幅を上限）	45分以内に 出力変化可能な量 （オンライン（簡易指令システムも含む）で調整可能な幅を上限）
最低入札量	5MW （監視がオフラインの場合は1MW）	5MW※1、4	5MW※1、4	5MW※1、4	専用線：5MW 簡易指令システム：1MW
刻み幅（入札単位）	1kW	1kW	1kW	1kW	1kW
上げ下げ区分	上げ／下げ	上げ／下げ	上げ／下げ	上げ／下げ	上げ／下げ

※１　簡易指令システムと中給システムの接続可否について、サイバーセキュリティの観点から国で検討中のため、これを踏まえて改めて検討
※２　事後に数値データを提供する必要有り（データの取得方法、提供方法等については今後検討）
※３　沖縄エリアはエリア固有事情を踏まえて個別に設定
※４　中給システムと簡易指令システムの接続が可能となった場合においても、監視の通信プロトコルや監視間隔等については、別途検討が必要
※５　30分を最大として、事業者が収集している周期と合わせることも許容

績の差には２種類あると書きました。「GC後に残った誤差」と「FIT特例措置による再エネ予測誤差」です。前者に帰属するのが「一次調整力」から「三次調整力①」までの４種類で、後者に帰属するのは「三次調整力②」です。

GC後の誤差とは？

GC後に残った誤差とは具体的にはどのように考えればよいのでしょうか。**図27**をご覧ください。この図は、一般的な１日の電力需要負荷曲線です。電力需要は、繰り返しますが、ヒトの経済活動の総和です。百貨店やコンビニの開店状

◆ある1日の電力需要の例

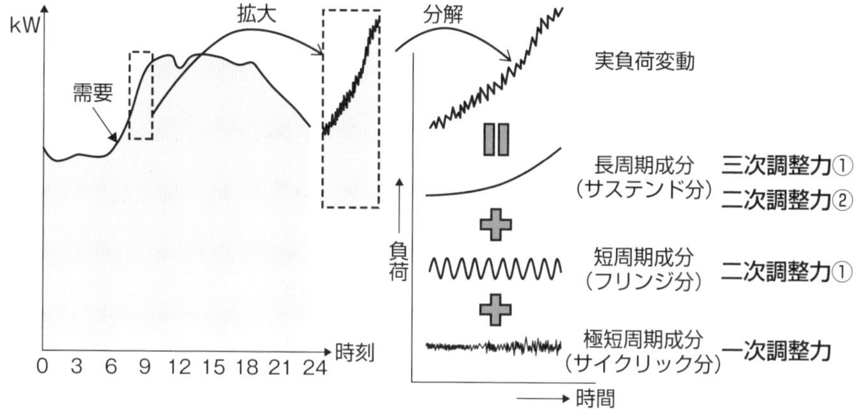

図 27　変化する電力需要と商品区分の関係

出典：電力広域的運営推進機関需給調整市場検討小委員会、（2019 年 11 月 5 日）資料に筆者加筆

況や、工場の操業状態、あるいは各家庭の空調・照明の使用状況、最近では電気自動車の充電なども含めてその使用状況に伴い、電力需要は時々刻々と変化します。その変化を周波数周期で３つに「因数分解」します。

① 長周期成分：英語名 sustained：長期間続く、持続した、息の長い、の意味　☞三次調整力

② 短周期成分：英語名 fringe：二次的な、付随的な、の意味　☞二次調整力

③ 極短周期成分：英語名 cyclic：循環の、周期的な、の意味　☞一次調整力

電力広域的運営推進機関では、長周期成分に「三次調整力①」と「二次調整力②」を、短周期成分に「二次調整力①」を、極短周期成分に「一次調整力」をそれぞれ当てはめました。表１の応動時間を見ていただくと、長周期成分は 15 分以内、短周期成分は５分以内、極短周期成分は 10 秒以内と規定されています。GC 後の調整ですから、全て１時間未満ということになります。「一般送配電事業者が４種類の調整力を市場メカニズム経由で調達する」というのが需給調整市場です。

インバランス料金

ここで改めて、GC の意味を確認します。GC とは、計画値同時同量を達成す

るための締切り時間のことです。発電事業者と小売電気事業者は、事前に電力広域的運営推進機関に提出した30分ごとの計画値に対して、該当する実需断面の1時間前までは、その過不足をスポット市場や時間前市場、相対取引契約等を活用して自ら調整します。そしてGCを迎えます。この時点以降、発電事業者も小売事業者も調整は不可能です。なぜならば、ここで「門が閉まる（Gate was closed）」からです。**仮に過不足が発生した場合は、発電事業者は発電インバランス料金を、小売事業者は需要インバランス料金を支払う**ことになります。**インバランス料金とは一種のペナルティ**です。GC以降の時間帯は、各一般送配電事業者が需給調整市場を通じて確保した調整電源等を利用して、時々刻々と変化する需要に応じて、計画とのずれを調整していくのです。

GFとLFCとEDCの違い

長周期成分（sustained）は15分以内の応動時間と整理しているにもかかわらず、５分以内と規定している「二次調整力②」が長周期成分に割り当てられていることに疑問を感じる方もいると思います。これは応動時間とは別の基準で、「指令間隔の違い」に起因します。この「指令」が極めて重要な要素です。指令とは、中給が発電機等に行うオンライン指令（専用線による直接制御）を言います。ここで、現在の中給が行っている調整力の運用状況を考察する必要があります。

中給は「GC後の誤差」を自らの責任でしわを取るのですが、実は、この1時間で様々な予測や予測誤差の穴埋めを行っています。これがオンライン指令の重要ポイントで、経済性やスピード感を考慮しながら指令を出します。**経済性の観点とは、メリットオーダー（多種多様の火力発電所を発電コスト≒限界コストの安い順に並べたもの）を優先する調整力**です。**スピード感とは、文字通りスピードを最優先に考える調整力**です。**この２種類を巧みに組み合わせ、計画とのずれを調整し系統を安定化するのがオンライン指令の肝**です。

前者がEDC機能、後者がGF機能・LFC機能になります。EDCとはEconomic Dispatch Controlの略で、経済的負荷配分といい、十数分先の需要予測の変動に対し発電所のメリットオーダーを考えながら発電機への出力配分指令を行います。Economicという表現を使っているのはその文脈です。要は、発電全体の費用の最小化を追求しながら周波数制御を行う機能です。

一方、GF機能・LFC機能はスピード感重視の指令です。GF（Governor Free）機能は、数秒単位のスピード感が求められます。この場合、発電機自らが周波数の変動に対して回転数を調整することで周波数制御を行うので、自端制御とも言います。もう1つのLFCはLord Frequency Controlの略で、負荷周波数制御といい、系統全体の実周波数と基準となる周波数の偏差を検出し、それを最小化するために中給から発電機出力を制御します。いずれにしても高速調整が求められるので、出力の調整幅は限定されます。つまり、同じ1MWの調整力といっても、EDCとGF・LFCではその質に大きな違いがあるのです（これは後章で改めて解説します）。

以上のように、応動時間とは異なる概念（それが指令間隔なのですが）に基づいて「長周期成分」=「三次調整力①」「二次調整力②」= EDC、「短周期成分」=「二次調整力①」= LFC、「極短周期成分」=「一次調整力」= GFと振り分けられているのです。

FIT特例措置による再エネ予測誤差とは？

計画（予測）と実績の差がもう1つありました。それが「FIT特例措置による再エネ予測誤差」です。これは三次調整力②に紐付きますが、図27には該当するものがありません。なぜでしょうか。ポイントはFIT特例措置にあります。繰り返しますが、発電事業者と小売電気事業者は30分単位の「計画値同時同量制度」が前提です。これはマストです。未達の場合には、インバランス料金を支払う義務があることも前述の通りです。

固定価格買取制度（FIT）では、発電した全てのkWhはFIT価格で買い取られ、発電事業者へのインバランス料金は発生しません。ここにギャップが生まれます。これを埋めるために、換言すると発電事業者の代わりに当該FIT電気を使う一般送配電事業者、あるいは小売電気事業者がインバランス料金を支払う制度がFIT特例措置です（図28）。

FIT特例措置①と②の違い

特例措置は複数ありますが、違いは「誰が計画発電量を設定するか」です。FIT特例措置①は、一般送配電事業者が、②は小売電気事業者が計画発電量を設定し

FIT 特例措置①

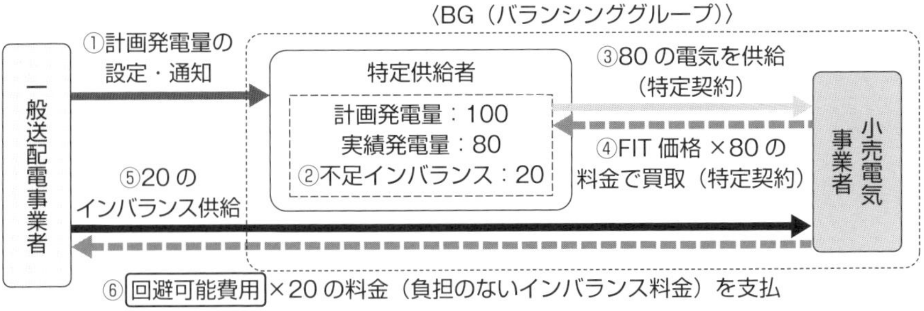

FIT 特例措置②

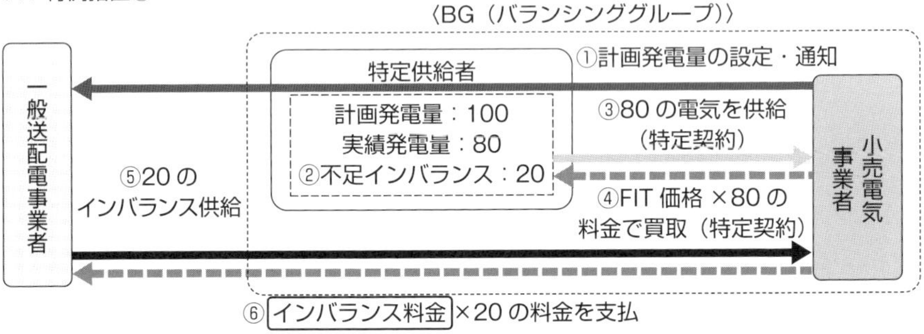

図 28　FIT 特例措置①と②の違い

出典：経済産業省資源エネルギー庁、「小売全面自由化に向けた固定価格買取制度の運用見直しについて」（2015 年 12 月）に筆者加筆

ます。繰り返しになりますが、発電事業者が担うべき役割を、一般送配電事業者か、あるいは小売事業者が特例的に肩代わりするのが FIT の特徴です。①か②の選択権は小売事業者に帰属しますが、圧倒的に多いのは①です。それは、インバランスの埋め合わせ対価の値段差が要因です。①は回避可能費用×インバランス量で、②はインバランス料金×インバランス量ですが、**多くの場合、回避可能費用＜インバランス料金なので、より負担の少ない①を小売事業者が選択するのは自然な流れ**です。エリアによっては回避可能費用が高くなっている事例も出てきましたが、未だ例外的です。

徐々に答えが見えてきました。①の場合は、一般送配電事業者が発電計画量を設定します。そして、一般送配電事業者は前々日までに再エネ出力を予測して小売電気事業者に配分する必要があります。つまり、一般送配電事業者が対応すべ

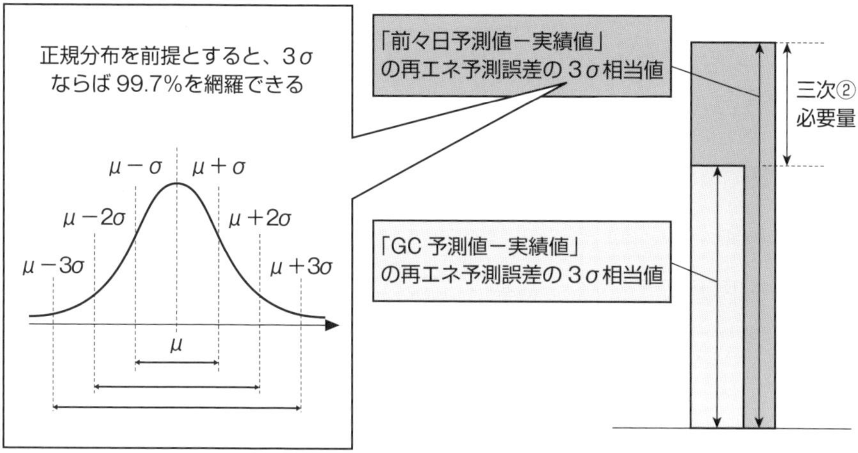

図29　三次調整力②の必要量イメージ

出典：電力広域的運営推進機関需給調整市場検討小委員会、第7回（2018年11月13日）資料に筆者加筆

き時間軸は、2つに分けて考える方が分かりやすく、それは「前々日から実需給の予測誤差」と「GC予測値から実需給の予測誤差」です。

＝「前々日予測値－実績値」の再エネ予測誤差の 3σ 相当値－「GC予測値－実績値」の再エネ予測誤差の 3σ 相当値

＝「前々日予測値－実績値－GC予測値＋実績値」の再エネ予測誤差の 3σ 相当値

＝「前々日予測値－GC予測値」の再エネ予測誤差の 3σ 相当値

＝三次調整力②

となります（**図29**）。

前々日予測からGC予測の誤差については、応動時間が長い調整力でも対応できます。加えて、市場メカニズムを活用することで経済的な調達を可能にするため、一次から三次①とは別枠で三次②を商品として設けたのです。英語名はReplacement Reserve for FIT。「FIT誤差穴埋めのための予備力」と言った方が分かりやすいかもしれません。欧米でも例のない当該商品は、他商品に先駆けて2021年度から取引が開始されます。

5 DRの時代がやってきた

需要側が供給側に合わせる時代

本書の柱の1つはDRの現状の立ち位置と将来像を、皆さんに分かりやすくご理解いただくことです。そもそもDRの本質は、多種多様な需要サイドのリソースが協力し合うことで、所与の値である供給力に合わせていくことにあります。実は、高度経済成長の時代は逆でした。経済成長と電力需要は正の相関関係にあります。したがって、右肩上がりの経済成長ならば電力需要も同基調であり、その需要に供給力を積み重ねてマッチングさせるのが常識だったからです。この場合は需要側が所与の値であり、それは青天井だったのです。しかし、1990年以降バブルが弾け、経済成長が鈍化する一方、分散型電源が急増する中で、需要ありきの考え方から、需要こそ調整弁であるという流れは自然なものと言えます。

2000年カリフォルニア州電力危機がきっかけ

DRやVPPという言葉を初めて耳にしたのは1999年でした。当時の通商産業省の資料にデマンドレスポンスという言葉を見つけ、「いわゆる需調だな」と妙に納得した記憶があります(需調については第3章で紹介します)。発端は米国カリフォルニア州の電力危機でした。1998年にスタートした電力小売自由化により、電力会社は発電所新設に二の足を踏むようになったうえ、主要電源であった水力が渇水により低稼働を余儀なくされた結果、供給力不足が顕在化し、2000年夏から翌年にかけて停電が頻発した事態を指します。自由化という経済手法が、その制度設計次第では、本来は受益者である消費者に予想以上の負担を強いる事例とも言えますが、本書のメインテーマではないので触れません。

容量市場の所でも触れましたが、発電所は一朝一夕に建設できるものではありません。設置許可を得るための環境アセスや資金調達計画などで10年単位の時間が必要です。そこで、カリフォルニア州政府は需要サイドのマネジメントを加速させました。それがDSM(Demand Side Management)です。具体的には、open ADR(Automated Demand Response)というDRの通信プロトコルをカリフォルニア州バークレーにある米国ローレンス・バークレー国立研究所が開発しました。

その後、電力危機の当事者でもあったPG&E等による実証実験を経て、2009年に公開されました。経済産業省が行っているERAB実証でもopen ADRは標準プロトコルとして採用されています。なお、ERAB実証の源であるERAB検討会とは、再エネ、省エネ、電力システム、情報通信など省庁内の部局横断的に存在する様々な課題を整理･総合的に議論するためのプラットフォームを構築し、アグリゲーションビジネスの全体方針を策定するとともに当該ビジネスの発展を支援することを目的として、経済産業省資源エネルギー庁省エネルギー・新エネルギー部内に設置された検討会の名称です。

計画停電の記憶

日本におけるDR普及の端緒も未曽有の危機がきっかけでした。筆者は忘れられない原体験があります。2011年3月11日午後2時46分の東日本大震災と、その後の計画停電です。この日以降、様々な想定外が発生したのは御承知の通りです。例えば、東京湾岸にある火力発電所の被災は、人智を超えた自然の猛威を思い知らされました。戦争映画の一場面のように変わり果てた広野火力や常陸那珂火力、千葉火力、五井火力、横浜火力など。福島第一･第二原子力と合わせて、計2,100万kWの電源が全停止しました。本来ならば需給ひっ迫時に活躍する揚水水力は、下ダムから上ダムへのポンプアップする電気すら足りない状況です。震災以降、水力部門関係者は文字通り不眠不休でポンプアップを図り、何とか200万kW程度の出力は確保できましたが、それでも数時間分に過ぎず、残念ながら救世主にはなりませんでした。それもそのはずです。前日3月10日の最大電力は約4,700万kWで、震災後初日の平日である3月14日の想定需要は4,100万kWでした。一方、震災前供給力5,200万kWのうち、2,100万kWの電源が一晩で消滅したわけですから、どんなにかき集めても手元にある供給力は3,100万kWに過ぎません。ポンプアップのための電気とは、揚水水力を稼働させるための電気です。貴重な電気は、直接需要の穴埋めに使われるのは当然のことでした。

想定需要4,100万kWに対し、確保した供給力が3,100万kW。差し引き約

図 30　福島第一原子力発電所近傍での送電線復旧作業の様子
画像提供：東京電力ホールディングス（株）

1,000 万 kW の需給ギャップは、需要側の調整努力で埋め合わせました。頼みの綱は需要サイドしかありませんでした。具体的には、計画停電や随時調整契約あるいは瞬時調整契約等の需給調整契約によりバランスさせたのです。**計画停電という言葉は、東日本大震災を契機に生まれた言葉**です。それ以前は rolling blackout という英語を直訳し、輪番停電と言っていました。正直に申し上げて、筆者が勤務していた会社が輪番停電を実施する主体になるとは夢にも思っていませんでした。輪番停電とは、電力インフラが整っていない開発途上国での話だと、筆者を含めて多くの関係者が、当時は信じていたからです。当事者の 1 人として忸怩《じくじ》たる思いです。自然災害の脅威を把握しきれなかった代償は大き過ぎました（**図 30**）。

それでも、2011 年 3 月 14 日から延べ 10 日間、約 7,000 万軒の需要家にご協力いただき、何とか系統崩壊の危機は回避し、未曽有の難局を乗り切れたのは幸運以外の何ものでもありませんでした。**正に需要側が系統崩壊を防ぐ切り札だった**のです。激甚自然災害の状況では、揚水水力を含めて供給力は計算できない部分が多いのが現実です。**供給力を所与のものとして、需要が合わせにいく。具体的には計画停電等を通じ多くの皆さんのご支援をいただきながら、系統崩壊という最悪の事態を免れた事実は、たとえようのないくらい重い**のです。そして、この危機回避以降、日本でも需要サイドの有効性が見直され、その代表格がDRなのです。

家庭用DR

DRのコンセプトは様々なアプローチが可能で、その切り口次第で「見え方」も異なります。ここでは、家庭用（Residential）と商業・産業用（Commerce & Industry）に分けて考えることとします。まずは家庭用DRです。最大の特徴はリソースの規模感です。皆さんのご家庭で電気を使う商品をイメージしてください。照明やエアコン等の空調、冷蔵庫や電子レンジといった家電製品、あるいは電気自動車を使っている方はその充電設備など。最近では、家庭用太陽光と付随する蓄電池も重要なリソースです。こうした電気は屋内配線で最終的には分電盤に結節しており、そこから契約量に応じて○○アンペア、あるいは○○ kVAといった上限値が定められます。家庭用のDRはこうした個別機器の「節電分の総和」がネガワットになります。個別機器の計量については、スマートメーター等の設置進捗により比較的やりやすくなりました。この領域のメカニズムについては計量法の関係なので、後ほど詳説します。

ここでのポイントは、１つ１つのロットが少ないので束ねることが重要ということです。例えば、夏の冷房設定温度を27℃から28℃に１℃上げるとします。経済産業省資源エネルギー庁の試算では、その場合の年間省エネ量は30.24kWhになり、年間電力消費量を仮に5,000kWhと考えれば約0.6％ですが、塵も積もれば山となるのたとえもあるので、冬の暖房設定温度を同様に工夫したり、年間の電力消費量が一番大きいとされる冷蔵庫を最新モデルに更新したり、あるいは照明をLED電球に交換すれば、それ相応の節電効果≒ネガワット創出は見込めるでしょう。こうした節電効果は、家電製品のエネルギー効率の向上等を考慮しても、例示した冷房温度を27℃から28℃に１℃上げることは、我慢という人間の感性に訴える部分も多くなります。

産業用DR

それでは、商業・産業用DRの特徴はどのようなものでしょうか。商業・産業の範囲は広範なので、ここでは産業に絞って考えます。産業用でも、エネルギー

図31　産業用DRの主な対象群

多消費群だけでも、製鉄所、アルミ精錬所、化学工場、製紙工場、工作機械関係、色々あります（図31）。各業種によって、生産ラインは当然異なります。したがって、電力の使用状況もまちまち。24時間連続操業を行うところもあれば、夜間操業だけのラインもあります。

例えば、電気炉の場合、高温で鉄スクラップを溶かして鋼片を製造し、それを圧延し様々な形状の鉄鋼製品に作り替えます。この溶かす工程と、延ばす工程は別であり、順番が逆になることはありません。一方で、電気分解を行う電解槽を持つ電解設備産業は、原料を電解槽に投入し、原料とは異なる製品をつくるのですが、その工程は一般的に電力負荷的にはフラットであり均一に行われます。様々な異なる生産ラインにDRを仕掛ける場合は、１つ１つの生産工程と入念な調整が必要になり、一定のノウハウと手間をかけなければなりません。こうしたDRを「プロセスDR」と呼んでいます。一方、生産工程を調整することなく、工場内等に所有する自家発電設備を稼働させることで、系統電源から負荷遮断するDR

脱・石炭火力と自家発電

製造業の自家発は、かつては国際競争力と表裏一体の関係だったと思います。元来、電力会社が設定した需給調整契約の本質は、需要負荷の平準化と引き換えに、日本の製造業の後押しを担う産業助成の側面もありました。それは低廉な電力供給です。同時に、自らも限りなくコストフリーな電源確保（低廉な石炭火力）を目的とした自家発設置へと繋がってきたのです。したがって、仮に自家発を廃止し系統電源に切り替えた場合、費用増の可能性は否定できません。

一方で、近年のJEPXの平均スポット価格は７～８円前後ですから、こうしたリソースを活用すれば廃止・切り替えは可能との経営判断はありです。再生可能エネルギーの低価格化は世界的なトレンドであり、先進国に限らず、例えば石炭大国のポーランドでも、風力が石炭火力よりも価格競争力を持つ時代になってきました。しかも、今後は先物市場も一層整備されるはずなので、ボラティリティリスクのヘッジは可能なはずです。したがって、筆者はコスト面の問題は巻間言われるほどのネガティブインパクトは将来的には顕在化しないと見ています。実は、懸念すべきポイントは、例えば製鉄業では不可避な副生ガス等の扱いをどうするのか。有毒な一酸化炭素等を自家発電で混焼することで環境公害を防いできた経緯もあります。仮に自家発を休廃止すれば、こうした副生ガスの処理処分の行き場が失われることを意味します。2020年７月の脱・石炭火力の発表は、欧州では非常に好意的に取り上げられ、国際エネルギー機関（IEA）事務局長も最上級の表現で評価しました。ですから、こうした課題に丁寧に向き合って具体策を詰めていく必要があると思います。

は「自家発活用 DR」と呼び、区別する必要があります。自家発活用 DR の場合、環境負荷の観点から欧州の一部諸国、例えばフランスでは DR として認められていません。こうした方向性は、今後の制度設計にも反映されていく可能性はあります。実際に、2020 年 7 月に表明された「脱・石炭火力」方針では、製造業の自家発電も対象となっており、その制度設計の行方が注目されます。

産業用 DR の特徴はもう 1 つあります。それは最低保安電力を設定し、それ以上の節電は行わない閾値を設けることです。最低保安電力には設備内の照明・空調使用分が含まれるので、そこは節電対象には含まれず、ゆえに家庭用 DR で求められる我慢のコンセプトは不要になります。代わりに「在庫調整」の概念が産業用 DR には欠かせなくなります。御承知のように、在庫が増えれば企業損益に甚大な影響を及ぼすので、工場の操業年間計画に基づいて、どの程度が許容範囲なのか、需要家側と DR 事業者の間で十二分なコミュニケーションが求められるのは言うまでもありません。

16,667 対 2.5

ここで定量的に考えてみましょう。例えば、1 万 kW のネガワット創出が求められたとします。前提条件として、契約電力の 20%が調整可能電力（節電可能なネガワット量）とした場合、一般家庭（100V・30A）が DR リソースならば、

30A × 100V × 20% = 0.6kW

1 万 kW ÷ 0.6kW = 16,667 世帯

約 1 万 7 千件の家庭の協力があって 1 万 kW のネガワットが達成できます。一方、産業用大口需要家が DR リソースの場合は、仮に契約電力が 20,000kW として、

20,000kW × 20% = 4,000kW

1 万 kW ÷ 4,000kW = 2.5 工場

3 つの工場の協力があれば、1 万 kW は達成できる計算になります。1 万 kW という kW 価値で見える風景は、家庭用 DR よりも産業用 DR の方が協力いただく賛同者の数は少なくて済むという結論にはなります。しかし、**この数字の違いを埋める技術こそ、DR 事業者＝アグリゲーターの腕の見せ所でもある**のです。従来、家庭用 DR は、IoT 機器設置の費用等を考慮すると規模の経済が働きにく

く、ペイしないと考えられてきました。それは一面の真理ではあるのですが、スマートメーターの普及などにより状況は変わりつつあります。詳しくはVPPの所で解説します。

6 自己託送制度の未来

自己託送制度とは

託送とは、あまり耳にしない言葉です。一般的には、宅配事業者などに依頼してA地点からB地点に物を送ることを指します。同様に、電気事業においては「電力会社が所有する送配電網を、電気事業者や小売電気事業者が利用すること」を意味します。例えば、東京湾岸にある火力発電所で「生産」された電気は、首都圏にある送配電事業者(この場合は東京電力パワーグリッド)が所有・運営する送配電設備を経由して、電気の消費者である首都圏の需要家に届けられます。この送配電網を活用して電気を送ることを「託送」と呼んでいます。それでは、「自己託送」とは何でしょうか。**「自己託送制度」とは、自ら作った電気を、自らの「身内」に、電力会社の送配電網を活用して送り届けるサービス**です。例えば、北海道で農業を営む実家の親が、東京に住む息子や娘にジャガイモや野菜を届ける。その送配サービスをY運輸に頼むことが自己託送なのです。ここでのポイントは、送る先が身内であることです。自分の息子や娘は問題なしですが、赤の他人に送ることは自己託送ではありません。赤の他人がNGである意味は、自己託送は販売目的ではないということです。

そもそも自己託送制度が出来た経緯を紐解く必要があります。もともとは電力会社に委ねられた自主的な取り組みでしたが、電気事業の小売自由化が進捗し競争原理が導入される中で、ネットワーク部門の公平性の確保が課題として浮上しました。同時に、需給がひっ迫した場合の電力融通を後押しできる規制緩和が求められていました。そこで、経済産業省資源エネルギー庁は、「自己託送が認められる範囲を供給者と供給先の間で一定の密接関係性が認められる場合等と定め、一般電気事業者に対して料金規制や託送供給義務を課すと共に、同時同量義務について一定の緩和措置を講ずるなど、制度化を行うことが適当である（平成26年4月1日、自己託送に係る指針）」と定めたのです。

自己託送制度の条件

ここで、自己託送制度を使うための条件を確認します。電気事業法により、自己託送を利用できる事業者は「非電気事業用電気工作物」を設置する者と規定されています。具体的には自家用発電設備を設置する者ということになります。さらに、自己託送を利用する場合、「当該者と、経済産業省令で定める密接な関係を有する者が設置する非電気事業用電気工作物を用いて発電した電気も併せて送電することが可能」となっています。ここで言う**「密接な関係を有する者」とは、自家発電設備を有する事業者と同じ会社の施設、あるいは資本関係のある傘下のグループ企業やその工場**を指します。

2014年4月から施行された自己託送制度を最初に利活用したのは、富士フイルムだったと記憶しています。既に特定規模電気事業者（PPS：Power Producer and Supplier：高圧需要家を対象とする一般電気事業者（いわゆる10電力会社）以外の電力供給事業者のこと）だった同社は、当時の東京電力送配電部門が維持・運用する送配電網を活用して、同社グループ企業の工場等の需要箇所へ送電を行い、同社自家発電設備の設備利用効率向上に繋げました。

再生可能エネルギーの活用に向けて

この当時、自己託送を活用する事案は、ディーゼル等のいわゆる化石燃料を活用した自家発電設備が多かったのですが、今後はFITやFIP（Feed-in Premium）により急成長を遂げた再生可能エネルギー、特に太陽光発電を活用する事例が増えるに違いありません。例えば、ある住宅メーカーは自身が手掛ける賃貸住宅の屋根部分を有償で借りて、太陽光パネルを設置します。その電気を電力会社に買い取ってもらったうえで、自身の工場に、その太陽光由来の電気を供給してもらうのです。このメーカーはグリーン電力証書を手にすることもできます。

こうした事例は余剰電力を有効利用するという経済合理性の観点も重要ですが、環境に配慮した企業経営の視点が一層求められているという社会的な要請があります。例えば、メガソーラーを設置し、その発電分を別の場所にあるグループ企業に供給することで会社全体の CO_2 排出量を削減することも可能になります。こうした取り組みを一層後押しするのは、企業活動を100%再生可能エネルギーで賄うことを目指した国際イニシアチブである「RE100」や、環境や社会活動、あるいは企業統治に配慮した企業に対して優先的に投資する「ESG投資」のグローバル基準化です。いわばグローバル企業にとっては最優先で取り組むべきテーマなのです。自己託送制度は、こうしたZero Emissionの社会的要請に応え得る可能性を秘めています。

実同時同量と計画値同時同量

自己託送制度活用により期待される方向性として、自社グループ内での再生可能エネルギー・イニシアチブを例示しましたが、その課題は何でしょうか。すぐに考えられるのが「果たして30分同時同量を達成できるのか」ということです。30分同時同量とは、電力会社の送配電網を利用する場合に課される義務で、30分単位での送電量を予め決めなければなりません。これを計画値同時同量と言います。2016年小売全面自由化以前の日本は発送電分離以前であり、その責務は一般電気事業者10社が担っていました。この10社の中給（中央給電指令所の略

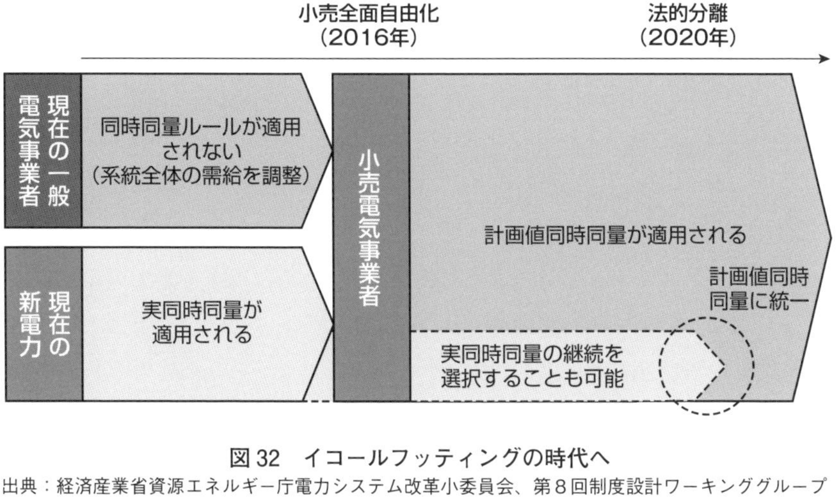

図32　イコールフッティングの時代へ
出典：経済産業省資源エネルギー庁電力システム改革小委員会、第8回制度設計ワーキンググループ（2014年9月18日）資料に筆者一部加筆

で、系統運用管理の中枢を担う組織）は、自社供給エリアのΣ需要量とΣ供給量を瞬時瞬時で一致させることで系統を安定運用してきました。これを30分単位・実同時同量と言います。一方、2020年度の発送配電分離後は、一般電気事業者と新電力にイコールフッティングで30分単位・計画値同時同量が適応されるのです。したがって、30分単位での送電量の過不足が生じた場合は「インバランス料金」というペナルティが課されます。小売事業者目線で計画値＞実績値ならば余剰インバランス、計画値＜実績値ならば不足インバランスを支払うことになります（図32）。

発送配電分離以前の時代には、インバランス料金は「負荷変動対応電力料金」という名称で、ペナルティというには厳しめなものでしたが、自己託送制度導入により大きく軽減されました。当該制度導入以前は、仮に不足量が契約電力の３％超の場合、昼間の時間帯であれば３倍以上の「変動範囲超過電力」料金が課されました。しかし、自己託送制度を活用する場合は、契約電力の10％以内の不足分は「変動範囲電力」と見なされて、安価な料金でkWhの補充を受けることができるようになったのです。これは自己託送制度を推進するインセンティブであったのは事実です。

自己託送制度とダイレクトマーケッター

自己託送制度を更に進化させるカギは、この30分単位での計画値同時同量をいかに円滑かつ正確に行うか、すなわち需給管理技術次第だと思います。風力発電の導入が指数関数的に増えている欧州では、この需給管理技術、optimizing technologyを売り物にしたアグリゲーターが多数市場に参入しています。再生可能エネルギーを束ねて市場取引を担うアグリゲーターをダイレクトマーケッターと呼びますが、これについては後ほど解説します（図33）。

このようなダイレクトマーケッターの出現によって、再生可能エネルギーのボラティリティ（変動）リスクは確実に克服されつつあります。それにより自己託送制度は、その領域をさらに拡げることが可能となり、それが将来の配電ライセンス活用による新事業形態に繋がると予想しています。再生可能エネルギーを有効活用し、企業全体の二酸化炭素排出量を削減することは温対法（地球温暖化対策の推進に関する法律）対策の柱ですし、先に述べたRE100イニシアチブや

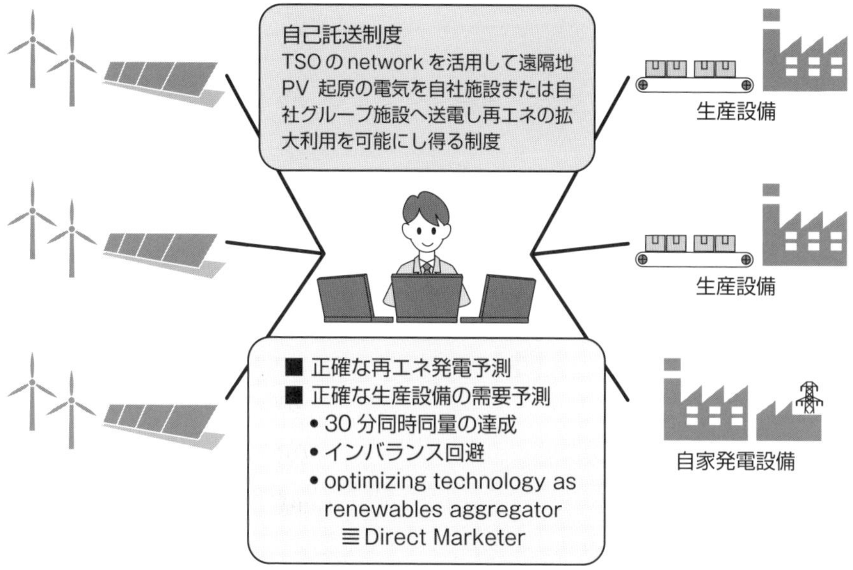

図 33　自己託送制度と配電ライセンス

出典：経済産業省資源エネルギー庁、ERAB ハンドブックに筆者加筆
https://www.enecho.meti.go.jp/category/saving_and_new/advanced_systems/vpp_dv/files/erab_handbook.pdf

SDGs（Sustainable Development Goals：持続可能な開発目標）のような環境経営に直結するのです。

7 多様なリソースを一括管理する VPP

結び付け、束ねることが VPP

バーチャルパワープラント（VPP・仮想発電所）の本質は、DSR（需要側エネルギーリソース）や電力系統に結節している DER（分散型エネルギーリソース）、あるいは電気自動車を含む蓄電池等を一括制御して、あたかも発電機のように機能させるところにあります。日本の DR が、東日本大震災の結果として発生した電力の需給ひっ迫をきっかけに、その取り組みが勢いづいたことは先にお話しし

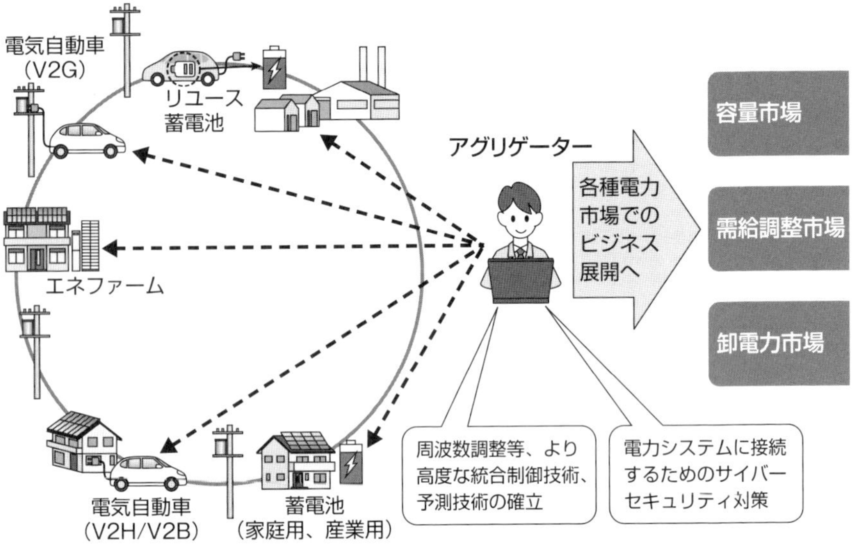

図34　2020年度VPP実証の重点ポイント

ました。VPPも同様です。特にFIT制度が導入されたことで、風力や太陽光に代表される分散型電源が飛躍的に増大しました。その結果、原子力や火力発電所といった大規模電源を前提とした電力ネットワークシステムの再構成が求められつつあり、にわかにVPPが脚光を浴びるようになったのです。

VPPの最大の特徴は「塵も積もれば山となる」にあります。1つ1つのリソースは家庭用の照明、空調、太陽光発電、電気自動車、家庭用蓄電池あるいは電気給湯器といった具合に小規模です。しかし、それらをIoTによって結び付け、束ねることにより、あたかも発電所のような機能を発揮させることを意図しています。ポイントは「あたかも発電所のように」というところです。だから仮想発電所なのです。仮想を可能にしているのが、IoTに加えてAIを活用したビッグデータ・マネジメントです。国もVPP構想の育成に力を入れています。経済産業省資源エネルギー庁は、2020年度に「需要家側エネルギーリソースを活用したバーチャルパワープラント構築実証事業」を立ち上げ、その補助金予算は70億円規模に拡がりました（**図34**）。前述したERAB検討会はVPP推進のプラットフォームでもあります。

卒FITとVPP

VPPを構成し得るリソースには「一般家庭」、「業務用店舗」、「業務用ビル」、「工場」、「学校」、「上下水道」、「電気自動車」、「蓄電池」、「エコキュート（自然冷媒CO_2ヒートポンプ給湯器）」、「氷蓄熱システム」、「再生可能エネルギー」が考えられます。全てを結びつけるのも良し、個別相対も良しです。

いくつか具体例を紹介します。1つ目が家庭用太陽光と蓄電池を活用する事例です。このコンセプトには卒FITが大きく関係してきます。ここで再確認です。FITとは、経済産業省資源エネルギー庁が定めた、再生可能エネルギー（太陽光、風力、水力、地熱、バイオマス）を用いて発電された電気を、国が定める固定価格で10～20年間電力会社に買取を義務付ける制度です。このFIT制度は2012年に法整備されたことは既にご紹介しました。その当時、「余剰電力買取制度」という現行FITと似たスキームがありました。2009年11月にスタートした余剰電力買取制度は2012年7月1日まで継続し、その後はFIT制度に自動的に組み入れられることになりました。その結果、実質的に2009年から当該制度に参加した太陽光発電を所有する家庭は、10年後の2019年に固定価格買取が失効（満期）することになります。こうした再エネを卒FIT電源と呼びます。卒FITの場合、これまでkWh当たり42円で買い取ってもらえた制度が使えなくなるのですから、自家消費分を除いた余剰電力の扱いは無視できません。

そこで、こうした満期を迎えた太陽光発電による電気と、家庭の電力量を制御できるAIを搭載した蓄電池を組み合わせ、余剰電力を束ねて管理し、家庭間で売買するVPP事業モデルが出現するのです。その場合、通信セキュリティを確保するために、ブロックチェーン技術（ネットワーク上の取引を「分散型台帳」形式で格納する技術のことで、2つの当事者間の取引はトレーサビリティが確保された形で記録されます）が活用されます。

この家庭用太陽光と蓄電池の組み合わせモデルこそ、VPPがDRと似て非なるポイントでもあります。**太陽光発電が逆潮流（発電量＞自家消費の場合、系統に太陽光由来の電気を流すこと）になる状況とネガワットを融合させるのがVPPの特性**とも言えましょう。

欧州のVPPベンチャー企業の中には、既に10万件弱の蓄電池＆太陽光発電をクラウド上で結び付け、家庭間の余剰電力の管理運営を担うVPP事業を展開しているところもあります。

電気自動車とVPP

2番目の事例が電気自動車を活用したVPPです。面的に拡散している複数台の電気自動車は、いわば「移動する蓄電池」です。この特性を利用したV2H、V2G（Vehicle to Grid）のコンセプトは、その充放電機能を活用したVPP構想のコアコンピタンスとして、世界中で実証が進んでいます。例えば、当社（エナジープールジャパン）の親会社があるフランスでは、リヨンにおけるスマートコミュニティ実証が日本企業との合同により実施されました。「美食の町」リヨンはフランス第二の都市です。そこでグランドリヨン共同体（リヨン市と周辺市町村を含む広域自治体）とコンソーシアムを組んで、次の4つのコンセプトの実証を行ったのです。

① ポジティブ・エナジー・ビルディング（PEB）：太陽光やBEMS（Building Energy Management System）を活用して消費電力＜再エネ電力を実証

② 太陽光発電を活用した電気自動車充電管理システムとカーシェアリング

図35　リヨン市内の電気自動車充電風景

③ 家庭内エネルギーモニタリングシステム

④ コミュニティマネジメントシステム（CMS）：上記3つのプロジェクトを通して、リアルタイムエネルギーデータを統合し、関係するステイクホルダーに対してオーダーメードによる指標を提示

特に2番目の太陽光と電気自動車を組み合わせた実証は、日中の太陽光発電時に、1台でも多くの電気自動車充電が可能となるようなインフラ構築を目指したものです（**図35**）。結果として、太陽光の大量導入による系統への影響を検証すると共に、出力抑制回避に向けた需給バランスをいかに管理すべきかの実証を行いました。こうした取り組みがVPP活用による再生可能エネルギー主力電源化に結び付くのは言うまでもありません。

いかにマネタイズするか

それでは、VPPの課題は何でしょうか。第一に考えられるのが、いかにマネタイズするかということです。高尚な理想を掲げてもファイナンスができなければ、絵に描いた餅に過ぎません。**一番のポイントは「電源に近づける」ために掛かるコストとリターンの見合い**です。VPPの競合相手は勿論電源です。電源は、その特性上、（慣性力→）一次調整力→二次調整力→三次調整力と段階を追って電圧と周波数を制御します。同じ機能を需要サイドのリソースや蓄電池、再生可能エネルギーで発揮させるためには、その制御信号の精度や種類、あるいは通信手段が成否を分けるはずです。当然、一定のコストも掛かるでしょう。仮に電源よりも割高ならば、無理をしてVPPを活用しようとのインセンティブは働かないのです。

慣性力（inertia）

原子力や火力等の大規模電源に付与されている慣性力の存在も無視できません。慣性力とは、瞬間的な電気変動に耐えうる能力をいいます。原子力や火力発電は、蒸気の力（蒸気エネルギー）で巨大なタービンを回し（回転エネルギー）、直結しているローターを回転させて電気をつくります。こうしたタービンやローターには、自らの質量により回転数を維持しようとする力があります。これが慣性力です。重い鉄球を転がした場合、すぐに止めようとしても止まりません。これ

も慣性力です。つまり、**タービンやローターの質量由来の慣性力が、瞬間的な変動に耐え得るポテンシャルを生み出す**のです。残念ながら、太陽光等の再生可能エネルギーなどインバータを介して電力を供給する電源(非慣性電源)には、こうした機能はありません。仮に再生可能エネルギーを含んだVPPが系統上に多数存在した場合、その系統全体の慣性力不足を補う措置が必要になります。なぜならば、慣性力がなければ広域的な系統崩壊のリスクが高まるからです。勿論、国のVPP実証では、こうしたリスクを回避するために、調整力の変動周期に着目した実証も行っています。さらには周波数制御や自律安定機能の精度分析を目的としたプロジェクトも立ち上がっています。繰り返しになりますが、実用化に向けては、最終的には費用対効果を考慮した電源との比較になります。

電気計量制度の合理化

このように、VPPを実証ステージから商用ステージに昇華させるには、課題は山積しています。一方で、クリアしつつある分野もあります。例えば計量問題です。様々な機器を結び付けて全体として電圧と周波数を制御する場合、受電点計測か機器点計測かは大きな問題になります。**個別リソースが指令に正確に反応し応動しても、他のリソースが変動した場合、それが相殺され、最終的には受電点で正確に評価されない**リスクがあります。こうした課題については、2020年６月５日に成立した「エネルギー供給強靭化法」で一歩前進しました。計量器の精度や消費者保護の確保を求めたうえで、計量法の規定について適用除外が認められたのです。これは**「特定電気取引」と呼ばれ、「太陽光発電パワコンによる計量」、「電気自動車の急速充電器による計量」、「DR制御器による計量」などが該当**します。

また、後ほど触れますが、2024年度向けのオークションが2020年７月に実施された容量市場では、発動指令電源に該当するところでVPPは事業機会を得られる可能性が高いはずです。例えば、需要家が自家消費分として所有する自家発電機も、逆潮流分はアグリゲートリソースの一部として利用し、1,000kW以上であれば発動指令電源として応札できます。また、蓄電池の付いた再生可能エネルギーでも、卒FITであれば発動指令電源として参加することも可能です。要は、こうした分散型リソースを束ねてVPP化して１MW以上の要件を満たせば、市場に参加できるのです。

このように1つ1つ課題をクリアしていくことがVPP実用化には重要であり、活性化させるための実は近道だと思います。その要諦は電源に近づけるか否かです。そのコストパフォーマンスはいかがか、です。

参考文献

（1）経済産業省，電力システム改革専門委員会報告書，2013年2月
https://www.meti.go.jp/shingikai/enecho/kihon_seisaku/denryoku_system/seido_sekkei/pdf/01_s01_00.pdf

（2）経済産業省資源エネルギー庁ホームページ，2020年，送配電部門の分社化で電気がさらに変わる
https://www.enecho.meti.go.jp/about/special/tokushu/denryokugaskaikaku/souhaidenbunshaka.html

（3）経済産業省，総合資源エネルギー調査会電気事業分科会報告「今後の望ましい電気事業制度の骨格について」，2003年2月
https://www.enecho.meti.go.jp/category/electricity_and_gas/electric/summary/pdf/tousin.pdf

（4）経済産業省資源エネルギー庁，平成21年度エネルギーに関する年次報告（エネルギー白書2010），第3部，平成21年度においてエネルギーの需給に関して講じた施策の概況，第7章，電気事業制度・ガス事業制度のあり方，第1節，電気事業制度
https://www.enecho.meti.go.jp/about/whitepaper/2010html/3-7-1.html

（5）電気事業連合会ホームページ，フランスの電気事業
https://www.fepc.or.jp/library/kaigai/kaigai_jigyo/france/detail/1231556_4779.html

（6）電気事業連合会ホームページ，英国の電気事業
https://www.fepc.or.jp/library/kaigai/kaigai_jigyo/britain/detail/1231572_4785.html

（7）日本貿易振興機構，ビジネス短信「米カリフォルニア州での計画停電が終了、74万世帯・企業に影響」
https://www.jetro.go.jp/biznews/2019/10/36cdef0e5c78cbf9.html

（8）経済産業省，電力・ガス取引監視等委員会事務局，法的分離（兼業規制）に伴う行為規制の検討，平成29年3月
https://www.emsc.meti.go.jp/activity/emsc_system/pdf/016_09_00.pdf

（9）アルビン・トフラー（徳岡孝夫 訳）：第三の波，中央公論新社，1982

（10）経済産業省資源エネルギー庁，第16回 総合資源エネルギー調査会 省エネルギー・新エネルギー分科会 電力・ガス事業分科会 再生可能エネルギー大量導入・次世代電力ネッ

トワーク小委員会資料，2019 年 7 月 5 日
https://www.meti.go.jp/shingikai/enecho/denryoku_gas/saisei_kano/pdf/016_02_00.pdf

(11) 経済産業省資源エネルギー庁，電源種別（太陽光・風力）のコスト動向等について，平成 28 年 11 月
https://www.meti.go.jp/shingikai/santeii/pdf/027_s01_00.pdf

(12) 経済産業省資源エネルギー庁，第 10 回 エネルギー・リソース・アグリゲーション・ビジネス検討会資料，逆潮流アグリゲーションの調整力としての活用，令和元年 10 月 4 日
https://www.meti.go.jp/shingikai/energy_environment/energy_resource/pdf/010_07_00.pdf

(13) 経済産業省資源エネルギー庁ホームページ，登録小売電気事業者一覧，令和 2 年 12 月 18 日時点
https://www.enecho.meti.go.jp/category/electricity_and_gas/electric/summary/retailers_list/

(14) 経済産業省資源エネルギー庁ホームページ，電気料金の仕組みについて
https://www.enecho.meti.go.jp/category/electricity_and_gas/electric/fee/stracture/pricing/

(15) California ISO, Fast Facts, What the duck curve tells us about managing a green grid
https://www.caiso.com/Documents/FlexibleResourcesHelpRenewables_FastFacts.pdf

(16) 安全・安心社会の電気エネルギーセキュリティ特別調査専門委員会 編：安全・安心社会の電気エネルギーセキュリティ

(17) 経済産業省資源エネルギー庁，ERAB ハンドブック

第3章

DR今昔

1 調整力・予備力の重要性

慣性力と調整力と予備力

電力系統を維持するに当たり、慣性力(inertia)が重要であることはご理解いただいたと思います。それでは、慣性力と調整力とはどのような関係があるのでしょうか。さらには、調整力と予備力とはどのような違いがあるのでしょうか。

まずは慣性力と調整力です。慣性力とは、重要なポイントなので再確認しますが、回転機の重量(質量)により回転数が維持される自律安定機能です。周波数が変動した場合でも、瞬時に回転機の運動エネルギーを放出することで、脊髄反射的に周波数変動を抑制することが可能なのです。**この周波数の変化スピードを RoCoF（Rate of Change of Frequency）と呼び、RoCoF が低ければ低いほど系統システムの安定性が高い**ことになります。仮に電源がトラブルにより脱落しても、まずは慣性力により周波数が「暴れる」ことを抑え、そのうえで一次調整力（GF：Governor Free）や二次調整力（LFC：Load Frequency Control）がしっかり機能すれば、発電機の出力を制御することで系統崩壊は免れることができます。重要なので繰り返しますが、このGF等の調整力が安定的に供給できる前提として、一定量の慣性力が重要になります。**慣性力が大きければ大きいほど、攪乱状況に伴う周波数変動の時間軸を抑制する（つまり RoCoF を極小化させる）ことができる**ことを、ここで再確認させてください。

調整力とは？

調整力は「周波数を維持するための「しわ取り」機能」と説明しましたが、もう少し具体的に言うと、①GC後の需給ギャップの穴埋め、②30分未満の需給変動への追従性、③その結果としての周波数維持、ということです。重要なのは、現実の需給変化にいかに追従できるかということです。そのために、電力広域的運営推進機関は3種類の調整力を定めています。

まずGFを確認します。スピード重視のGFはGovernor Freeともいい、その応動時間は10秒以内で非常に短い周期、極短周期（cyclic）です。発電機が動いている場合は自ら回転数を検出し、設定回転数と比較して発電機出力を制御します。それを引き継ぐ形で二次調整力が登場します。二次調整力は、一次ほどではないものの、5分以内の応動が必須の短周期（fringe）調整力で、中央給電指令所から基準周波数（50Hz あるいは 60Hz）に戻すための制御信号を一括送信して発電機出力を自動制御します。そして三次調整力。これは、スピード感もさることながら経済合理性重視ですから、Economic Dispatch Control と呼ばれる長周期（sustained）調整力です。中央給電指令所で行った需要予測に対して最適な運転出力を計算し、該当する発電機に出力信号を自動送信する形で形成します。このように、時々刻々と変化する、時に予測不可能な動きをする電力需要に対して、中央給電指令所は、GF から三次調整力を適時適切に組み合わせて系統を形成していきます。

マエストロ

中央給電指令所が、マエストロと呼ばれる所以はこのスキルがあるからです。中央給電指令所は、この３種類の調整力を自在に操り、瞬時に変動する需要に供給力を合わせて系統をバランスさせる。自身の経験では、この領域こそ電気事業の背骨であると思います。私見ですが、将来の電気事業のコアコンピタンス（他社を凌駕し得る競争力のこと）は、この電力系統運用技術に収斂されるのではないでしょうか。発電事業も分散型電源が主流になり、家庭用太陽光のように自家発自家消費が増える中で、いかに系統を維持するのか。今後、AI（Artificial Intelligence）や深層学習を駆使したとしても、一朝一夕には習熟できる代物ではない、と実感します。

万が一、電源事故が発生した時はどうするのでしょうか。特に日本は自然災害が絶えません。発電所がトラブルにより停止することもあります。その場合、調整力と並んで重要なのが慣性力です。電力系統安定化に重要な電力品質維持の目安は、周波数の場合、50Hz ± 0.2Hz あるいは 60Hz ± 0.1Hz です。この範囲を逸脱する事態が起きた場合、GF が系統に繋がるまでの間、慣性力が必要になります。慣性力が大きければ大きいほど、周波数の振れ幅を抑制することができます。慣性力のある電源が複数繋がっていれば、仮に１つが大きく下げても（トラブルが発生しても）、他の慣性力が周波数を引き戻そうとするのです（図 36）。

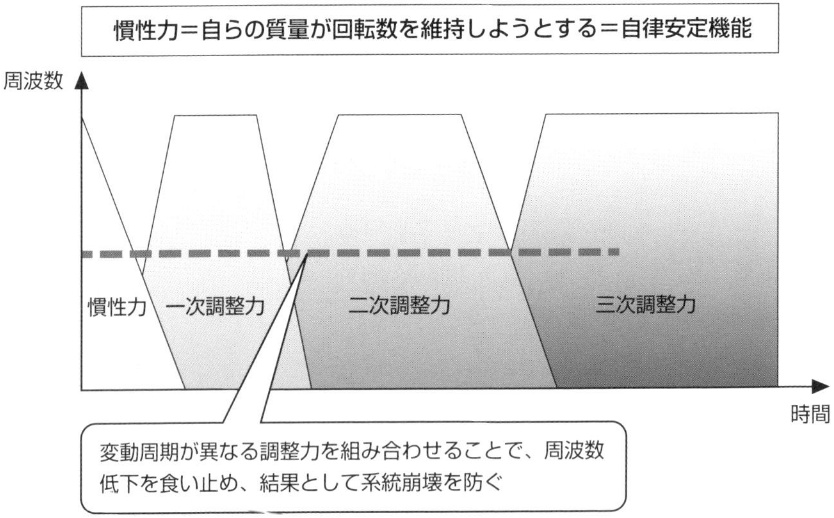

図 36　慣性力(inertia)と調整力の関係

予備力とは？

調整力、慣性力と並んで重要なのが予備力です。予備力とは文字通り、予備の電源で、自然災害等により万が一電源が脱落しても安定供給に支障を来さないために確保すべき電源です。最近では厳気象用電源、あるいは稀頻度リスク用電源と言うこともあります(図 37)。

調整力は需給調整市場で調達しますが、予備力はどうでしょうか。これは容量市場でオークションを通じて確保することになります。具体的には、年間最大電力需要３日平均値(H3 需要)の１％分が該当します。この考え方は、2018 年９月の北海道胆振東部地震がきっかけでした。苫東厚真火力発電所が緊急停止し、管内のほぼ全域で電力が止まる「ブラックアウト」が日本では初めて発生。東日本大震災に続く自然災害の脅威に対処するために、セーフティーネットとして予備力を積み増すことを制度化しました。

２つのブラックアウト

関係者の努力も空しくブラックアウトに至った経緯は、予備力、慣性力、調整力が地震によって一挙に失われたからです。2018 年９月６日３時７分に地震発

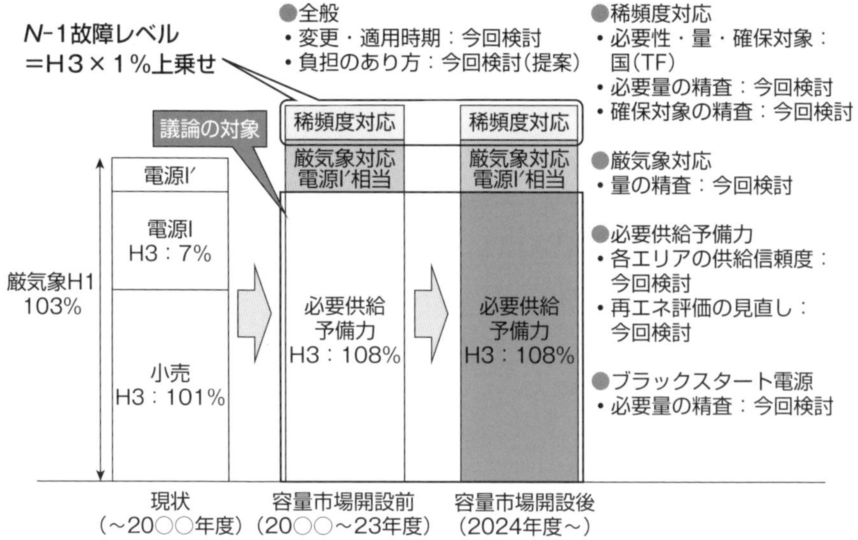

図 37　調整力と予備力の位置関係

出典：電力広域的運営推進機関、第１回電力レジリエンス等に関する小委員会（2018 年 12 月 18 日）資料に筆者加筆

生。最大規模の苫東厚真火力発電所では地震の影響でボイラー管が破損し、３基中２基が緊急停止しました（地震発生から 18 分後に残りの１基も停止）。これにより周波数は大きく下がったのですが、負荷（電力需要）を切り離すことで周波数を回復させることに成功。しかし、上記の発電所以外にも風力や水力発電所が地震の影響で緊急停止し、本州との電力融通を担うはずの連系線も解列され、結果として全域停電に至りました。

北海道胆振東部地震が凄まじかったのは、$N-7$ の事態を引き起こしたことです。$N-7$ とは、７つの不可抗力による事故が同時発生する事態を指します。苫東厚真火力が３基（165 万 kW）停止、これが $N-3$。加えて、道東送電線４回線が地絡事故（地絡事故とは、電気がアース以外に地面と繋がってしまうことで、保安上危険な状態を指します）なので $N-4$。**不可抗力が同時に７つ発生する事態を想定してセーフティーネットを施すとした場合、その社会コストは膨大になるので非現実的**です。世界を見渡しても $N-7$ を想定したリスクヘッジ策はありません。

実は2019年8月、イギリスでも大停電がありました。45分間とはいえ6,000万kW規模ですから、東京電力パワーグリッド管内が全域停電するのと同じインパクトです。原因は落雷による送電線1線地絡事故で$N-1$の事象です。$N-7$がいかに例外的で、厳しい状況だったのかはご理解いただけると思います。

このような自然災害による予備力・調整力の喪失が、系統崩壊=「ブラックアウト」に至ることは理解いただけたと思います。近年、もう1つの系統崩壊リスクが無視できなくなっています。それが慣性力のない電源が大量に系統連系されるリスクなのです。

慣性力低下の影響とは？

前述のイギリス広域停電のもう1つの要因は、再生可能エネルギー、特にイギリスの場合は風力の大量導入による慣性力低下とも言われています。直接的な要因は送電線の地絡事故ですが、事故当日の電源構成（capacity base）は、風力30%、ガス火力30%、原子力22%、連系線からの接続が10%でした。同期化力がない、慣性力がない風力が30%を占めていたという事実が全域停電にいかなる影響を及ぼしたのか、現在、イギリスの送電事業者であるNational Gridが慎重に分析を進めています。

一方で、系統に占める非同期電源（火力、水力、原子力といった慣性力を持つ電源ではなく、太陽光や風力のような電源）比率の上昇が、どのような影響を及ぼすのかは、いくつかの研究機関が検証を行ってきました。例えば、エコアイランド構想を持つアイルランド。アイルランド政府は、2030年までに再生可能エネルギー電力比率を70%にまで引き上げる計画があります。その一方で、国際再生可能エネルギー機関（IRENA）の報告書では、アイルランドの電力系統において、系統に慣性（風力による疑似慣性も含む）が追加されなければ、非慣性電源の瞬時導入率を70%に制限する必要があると述べています。

疑似慣性

慣性力・調整力不足による系統崩壊・全域停電を避ける処方策としては、疑似慣性や蓄電池、そしてDR（Demand Response）も有力な手段です。DRについては、東日本大震災による計画停電等に関連して、その有効性を紹介しましたが、ここでは「疑似慣性」について触れたいと思います。英語では synthetic inertia と言いますが、主としてインバータに慣性機能を持たせることです。第２章では、インバータ電源は非慣性電源と書いたので矛盾を感じられるとは思いますが、技術開発は日進月歩であり、制御ロジックとソフトウェア開発により一定程度の効果が認められています。

系統事故が発生し、周波数低下が露見した場合、風力発電機の回転エネルギーを電気エネルギーとして利活用、GF に繋ぐまでの一定時間（５～10 秒程度）、系統を過渡的に安定化するものです。具体的には、風力インバータが周波数と電圧を監視し、その変化に応じて有効電力・無効電力を出力させて RoCoF を極小化させるのですが、こうした風力による疑似慣性の有効活用により、さらなる再生可能エネルギーの拡大が可能になるかもしれません。その一方、近い将来、同期化電源の慣性力をも、市場経由で調達する時代がくるかもしれません。というのは、2020 年７月の経済産業省の発表にあるように、代表的な inertia 電源である石炭火力は、今後は大幅に廃止される可能性がありますし、同じくベースロードを担うべき原子力発電も再稼働が儘ならないからです。

いずれにしても、GF よりも早い応動なので「ゼロ次調整力」とでも名付けるべき慣性力は、再生可能エネルギー大量導入の時代になればなるほど、系統運用安定化に不可欠な力です。慣性力確保に向けて、①(原子力等の)同期発電機の一定量の確保、②揚水水力の調相運転（無効電力を供給し、電圧を調整するため揚水発電所の水車を空転させること)、③模擬慣性活用、といった様々な対策が求められます。

2 改めて考える需給調整契約

1952 年に生まれた「DR 的」スキーム

DR が関係者の注目を集めたきっかけが東日本大震災だったことはお話ししました。DR の事業スキームを改めておさらいすると、企業やビル、家庭に対して節電を要請し、その対価として報酬をお支払いするものです。このスキーム、その歴史はなんと1952年まで遡ります。それが需給調整契約で、現在でも一部の電力会社では活用されています。

そもそも需給調整契約とは、戦後の高度経済成長に伴い、電力需要が増加する中、供給力確保の一環として設けられた産業用大口需要家向け料金メニューです。供給力確保というのがポイントで、当時は電力不足が顕在化していた時代なので、実際は電力の使用を制限するものです。つまり、既にネガワットのコンセプトが、戦後間もないタイミングで実用されていたことになります。具体的には、電力の需給ひっ迫時に、電力会社が予め定められた契約に沿って、産業用大口需要家に電力の使用を(全てあるいは一部)制限するものです。その対価として、電気料金の基本料金部分等を割り引くといった措置を講じました。電力使用の制限＝ネガワット創出で、それに対価が支払われるわけなので、現在のネガワット取引と変わりません。つまり需給調整契約は「DR的」スキームなのです。

瞬時調整特約

1952年当時の需給調整契約は「瞬時調整特約」というネーミングです。終戦から7年ですから、電力不足が常態化している中で供給力を所与のものとして、需要を合わせるわけです。再生可能エネルギーは勿論のこと、大型火力や原子力もありません。1kWhでも貴重な時代、限りある供給力に応じて、月別に電力量を限定し、それを超過する場合は電力会社からの指令に応じる形で時々刻々の使用量を瞬時に調整してもらいました。対象需要家は、電炉・電解槽・自家発電設備を保有する大口需要家です。それから3年後の1955年には「第二特約」が導入されます。尖頭時(ピーク負荷、電力ピーク、最大電力時を指します)の負荷調整と、昼間負荷の深夜時間帯への移行を要請しました。現在のピークシフト、あるいはダイナミックプライシング(季節や時間帯ごとに需要の大きさを把握し、それに応じて価格を変動させる方法)のはしりです。

1973年秋から日本経済を震撼させたオイルショックは、電気の安定供給を旨とする電力会社には不都合な現実ではありますが、需給調整契約の飛躍の契機となりました。東京電力(株)刊「関東の電気事業と東京電力」によれば、1974年に多種多様な「特約」が誕生しています。高圧・特別高圧の需要家を対象にした「産業用時間帯特約」は、尖頭時を含む平日昼間の負荷を夜間に移行し、夜間の負荷率を５％上げて、かつ50％以上になるよう要請しました。「産業用夏休振替特約」は、対象需要家と予め決めておいた夏季期間中、連続３日以上の平均負荷を、契約電力の50％以下に抑えるよう調整しました。1965年から始まった「業務用特約」も、オイルショック以降は細分化されます。業務用需要家を対象に、夏季（７～９月）平日の午後１～４時までの間、電力負荷を30分以上継続して契約電力の30％以上抑制するメニューや、蓄熱式冷暖房設備を所有する業務用需要家向けには、昼間負荷の５％以上を夜間にシフト要請する特約も整備されました。

❯ ２つの需給調整契約

このように電力会社と大口需要家の間で長年培われた需給調整契約は、現在は２種類に大別されます。１つが「計画調整契約」で、夏季ピークとなる平日の昼間等における電気の使用を、計画的に削減する契約です。計画調整には「ピークカット（あるいはピークシェービング）」と「ピークシフト」のコンセプトがあります。前者が、夏季ピークとなる平日に夏休みや生産設備の補修等を設定したり、需要家の自家発を稼働させたりすることで計画的に日中の電気の使用を削減します。後者が、夏季ピークとなる時間帯に昼休みを意図的に充てる、あるいは工場の生産ライン工程等の見直しにより（Production Operation Management）、電炉や電解槽といった高負荷機器の使用を抑制し、計画的に電気の使用を調整するものです。

ちなみに、需給調整契約の概念は、フランスEDFでも長年採用していました。名称はLoad Adjustment Contract、通称LACです。計画調整に該当するのがPlanned LACです。

もう一方が「随時調整契約」で、想定外の電源トラブルや系統事故により電力不足が懸念される場合に限り、電気料金を割り引く代わりに、電力会社からの事前通告により、電力の使用の一部または全部を抑制する契約です（フランスEDFではOccasional LACと呼んでおり、日本のそれと同じコンセプトであることが窺えます）。主として、夏季ピーク時において、電源トラブルなどによる需給のひっ迫時に、事前（３時間前、１時間前など）通告により電気の使用を調整・制限します。

若干古いデータではありますが、2016年時点での経済産業省資源エネルギー

■2016年度夏季の需給調整契約見込み [万kW]

	北海道	東北	東京	中部	関西	北陸	中国	四国	九州	合計
計画調整契約電力	1	18	158	45	105	4	41	18	30	420
随時調整契約電力	17	26	151	70	33	20	88	40	31	486

電力広域的運営推進機関、「2016年度夏季の電力需給見通しについて」(平成28年10月18日)より一部抜粋

■1989年以降の発動実績(随時調整契約)

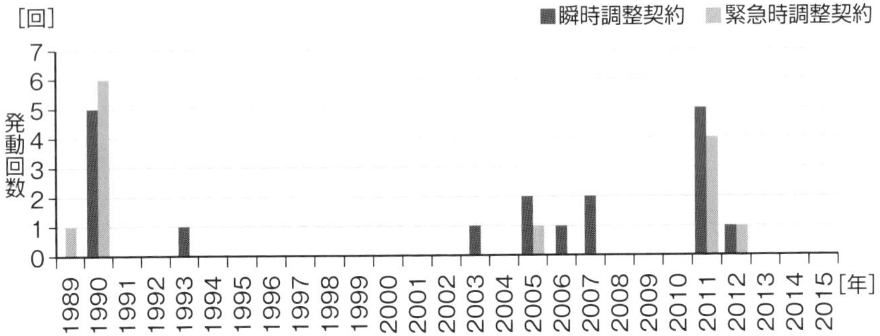

数年に1度の需給ひっ迫時に発動
瞬時調整契約は計4社、緊急時調整契約は計3社で実績あり

図38　需給調整契約の運用状況(契約見込・発動実績)

庁の調査では、計画調整契約・随時調整契約合計で900万kW強の規模感でした(**図38**)。現在では、電源Ⅰ′(イチダッシュ)等を活用する調整力公募や、容量市場における発動指令電源化の準備により、多くの電力会社が全面廃止、あるいは段階的廃止に関わっていると聞いています。

DRの市場規模感

「DRの市場規模はどの程度ですか」という質問をよくいただきます。その都度、**「歴史的経緯に紐づく事業の継続性の観点で考えると、需給調整契約の衣替えがDR化。その中でも随時調整契約が最も該当**します」と回答してきました。つまり、486万kW程度のポテンシャルはあるということです。この随時調整契約は、今の市場に当てはめると、その大宗が厳気象対応あるいは稀頻度リスク対応に該当します。容量市場の場合、発動指令電源です。2020年7月に行われ、9月に公

表された第1回メインオークションの結果、発動指令電源は上限約定量（473万kW）に対し、88%に該当する415万kWの応札・約定ですから、理論的にはこれがDR枠に該当すると考えるのも、当たらずといえども遠からずと言えましょう。

DRと需給調整契約の違い

それでは、DRと需給調整契約の最大の違いは何でしょうか。2つあると考えます。1つはIoT（Internet of Things）か否か、ということです。別の言い方では、デジタルか、アナログかの違いです。需給調整契約は、瞬時調整契約のような一般送配電事業者と大口需要家がオンラインで繋がっている場合を除き、削減要請等の指令伝達手段は電話か、ファックス、あるいは電子メールでした。一方、DRは多くの場合、IoT化により電子的に結節されている、つまりデジタル化されています。加えて、需要家と協議のうえで生産プロセスにコミットしてネガワットを供出する制御・運用技術（operational technology）も駆使します（**図39**）。その結果、当社が行うDR発動に要する時間は、予め決められた手順で行う場合、パソコンのクリック1つで10秒以内に需要調整が可能になります。近い将来は、

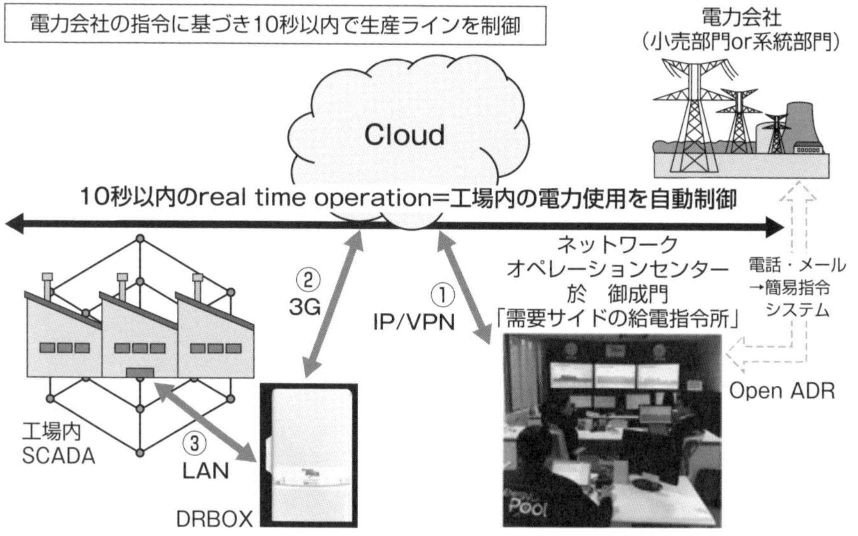

図39　エナジープールのDR事業全体図

電力会社と我々アグリゲーター間もオンライン化されるでしょうから、その場合は一層の高速対応が可能になります。

2020 年 7 月実施の容量市場メインオークション結果を見ると、発動指令電源は 415 万 kW の応札・約定です。これがどの程度デジタル化あるいは IoT 化されているかどうかは興味深いところです。筆者の印象では、道半ばだと思いますが、気になるのは上限約定量（473 万 kW）に未達であることで、ここは電源で埋め合わせるのではなく、DR の伸びしろだと捉えるべきです。特に約定価格が想定以上の高値（14,137 円／kW）であった事実を踏まえると、**容量市場負担軽減策には DR の一層の活用が現実的**です。

もう 1 つの違いは、IoT 化とも関係しますが、アグリゲーターのような仲介事

Interruptibility Mechanism

フランスでは、一般送配電事業者と大口需要家が、アグリゲーターを介してオンラインで繋がっており、実際の需要削減の発動に要する時間が 5 秒以内という市場が存在します。Interruptibility Mechanism と呼ばれる市場は、需給ひっ迫等により系統崩壊の可能性が高まった時は、TSO（Transmission System Operator）であるフランスの送電系統運用会社 RTE が、当該メカニズムに参入している需要家の負荷を 5 ～ 30 秒以内に遮断することができます。これは、突発的事故などに対して、その影響の拡大を抑え込む能力、つまりセキュリティを維持するため、系統崩壊という最悪の事態を回避するため、一定程度のアデカシー（安定供給上必要な供給力）を犠牲にする具体的な事例です。実際に、2019 年 1 月には 100 万 kW 以上の規模感で発動され、欧州全体の系統崩壊の危機を未然に防ぎました。文字通り、伝家の宝刀です。

今回の発動のきっかけとなったのが、ドイツ、オーストリア間の風力発電の予測誤差でした。自国のみの需給運用ではなく、大陸間の系統運用に目配りする必然性が求められるのは欧州ならではですが、一方で再生可能エネルギーの大量導入が系統運用上のリスクになり得る現実は、こうした制度的担保も含めて日本でも真剣に対策を検討すべきだと思います。

業者が存在するか否かです。アグリゲーターの意味合いはaggregationを担う者、つまり「束ねる・集める」者です。多種多様な需要家を「束ね」「集め」ることで、規模の経済を働かせ、経済合理性が一層働くようにスペックインさせるのがDRなのです。容量市場や需給調整市場の整備と連動して、需給調整契約が全てDRに衣替えすることが、分散型電源時代、配電ライセンス制の時代には求められると思います。

3 電源Ⅰ′とは

伝家の宝刀

DRやVPP（Virtual Power Plant）、さらにはFIT（固定価格買取制度）の成長軌道のプロセスに入るトリガーが、2011年3月11日の東日本大震災だったことはご理解いただいたと思います。一方で、「電源Ⅰ′」が、電力業界で広く認識されたきっかけは、2018年1月、首都圏を襲った大寒波でした。当時の日経新聞朝刊（2018年1月26日付）では次のように報道しています。

「寒波襲来による電力需給の逼迫を受け、東京電力ホールディングスが新手を繰り出した。事前に契約した工場などに数時間単位で節電をしてもらう「ネガ（負）ワット取引」を、22日から4日連続で実施。コストを抑制しつつピーク時の電力需給を安定させる仕組みとして政府の肝煎りで準備してきた「伝家の宝刀」を、2017年4月の導入以来、初めて抜いた。」

このネガワット取引の仕組みそのものが電源Ⅰ′だったのです。

調整力公募の1つが電源Ⅰ′

電源Ⅰ′の制度上の立ち位置は調整力公募です。正式名称は「一般送配電事業者が行う調整力の公募調達（2016年10月17日）」。そこには一般送配電事業者による電源確保の形態が、次の通り区分されています。

電源Ⅰ（イチ）：一般送配電事業者の専用電源として、常時確保する電源等

電源Ⅱ（ニ）：小売電気事業者の供給力等と一般送配電事業者の調整力の相乗り

となる電源等

さらに、電源Ⅰの中でも、10年に1回程度の猛暑や厳寒に対応するための調整力確保の必要性を明示し、それを電源Ⅰ′と規定しました。ここでは調整力と表記していますが、10年に1回程度の厳気象対応なので、予備力とした方が実態に即しています。予備力とは、天災地変や異常気象、あるいは想定外の事態が発生しても、電力の安定供給を履行するために必要とされる需要以上の供給力を意味します。一般的には、安定供給の目安となる予備力の比率(供給予備率)は8%から10%程度と言われています。

歴史的寒波

2018年の1月の状況を改めて振り返ります。その年の1月22日、首都圏は4年ぶりの大雪警報が発令され、東京電力パワーグリッド管内の電力の使用率は95%を超えました。**供給予備率は使用率の差分ですから、5%未満という値は系統運用上の観点では「綱渡り状態」**を意味します。冬場の系統運用で目配りが欠かせないポイントは、降雪と太陽光の関係です。雪が降れば太陽光パネル上にも積もり、発電ができない、つまり定格出力通りのkW価値が供出できない状態になります。それでも外気温が上昇し、融雪が進めば問題にはなりません。ただし、晴天でなければkW価値はゼロです。

しかし、この年の寒波は歴史的でした。北海道から九州まで、平均気温は平年を3度前後下回り、首都圏では1月22日から29日まで、8日連続で最低気温が氷点下でした。つまり大寒波の影響で、22日に降った大雪が29日まで8日間残り続けた。結果として、融雪が進まず、晴天時でも太陽光発電は「発電できない」状態が続きました。2018年度の太陽光発電の日本全国の設備容量は約5,500万kW程度、このうち関東圏では、茨城県、群馬県、栃木県、山梨県を中心に少なく見積もっても800万kW程度は稼働中だったので、東京電力パワーグリッド管内での安定供給上に必要な電力容量の15%程度が稼働不能になったのです。

供給予備率が7%前後になると、電力系統運用の司令塔、中給では、にわかに緊迫の度合いが増してきます。電力広域的運営推進機関は、電気事業法第28条の44第1項に基づき、電力融通指示の準備に入ります。電力融通とは、各電力会社間で生じる需給のアンバランス等を解消するために、電力広域的運営推進機関の指示に基づいてそれぞれの電力を融通し合う施策を言います。この融通の前に、各電力会社は様々な対策を講じながら予備率を僅かでも向上させなければなりません。その対策の１つが電源Ⅰ′に基づくDR発動なのです。

光彩を放った伝家の宝刀

当時の東京電力パワーグリッド管内の最大電力は約5,100万kWだったので、供給予備力を１％上げるための攻防は約50万kWということになります。当時、東京電力パワーグリッドが確保していたⅠ′のDR容量も、偶然ですが約50万kWでした。こうした緊迫感の中で制度導入後、初めて発動されたⅠ′は、一定の成果を上げたと思います。2018年５月18日開催の経済産業省における電力・ガス基本政策小委員会では、次のように報告し総括しました。

「東京電力パワーグリッドは初となる電源Ⅰ′を８日間（合計13回）発動し、他エリアから融通を７日間受けた。この結果、予備率が安定供給に最低限必要とされる３％を下回ることは無かった。（…中略…）今回、電源Ⅰ′として複数回、連続のDR発動が行われた。回数を重ねると実効力が低下するという課題もあった

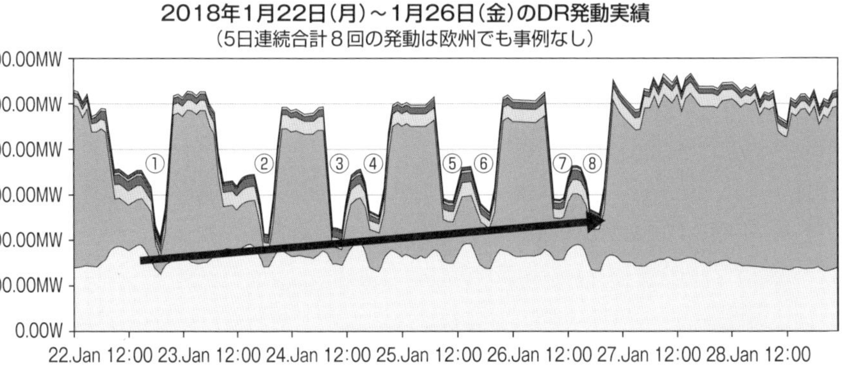

①	②	③	④	⑤	⑥	⑦	⑧
1月22日	1月23日	1月24日	1月24日	1月25日	1月25日	1月26日	1月26日
18：30～20：00	18：00～20：00	09：00～12：00	17：00～20：00	09：00～12：00	17：00～20：00	09：00～12：00	17：00～20：00

図40　電源Ⅰ′初発動の実績

ものの、需給ひっ迫への対応として需要抑制の一定の効果は認められた。」(図40)

私事で恐縮ですが、初発動の第一波が終わった1月26日深夜に飲んだビールの味は格別でした。10年に一度の厳気象対応の触れ込みでスタートした電源Ⅰ′。それでも年数回はあるだろうと覚悟はしていましたが、連続5日間計8回、最終的には8日間合計13回は全く想定外。そのような状況下でも「無事にネガワットを発動できた」、「相応の効果はあった」という安堵の思いでした。

浮かび上がった課題

多くの関係者の協力により無事に一連の発動を終えたわけですが、当然ながら課題も浮き彫りになりました。最大の課題は実効力の担保でした。経済産業省の電力・ガス基本政策小委員会の報告にもある通り、「回数を重ねると実効力が低下する」という課題です。そもそもDRにより供出されるネガワットは、需要を抑制することと同義です。すなわち、節電状態を一定期間継続してもらうのです。需要抑制が長く続けば、様々な生産活動や消費行動に影響が出ることは必定なのです。ネガワットの単位を調整可能電力(Committed Flexible Power)と呼びますが、これは「基準値(Base-line:なかりせば需要)」と「実際に削減された時点の需要」の差分です。

我々、DR事業者が大口需要家にDRプログラムの相談をする場合、調整可能電力供出の継続時間は1日3時間を目安にしています。生産ラインの抑制を検討頂ける閾値の1つが3時間前後だからです。これを超えると、在庫調整等を鑑みても生産活動に支障をきたす可能性が高まります。実際、東京電力パワーグリッドの2018年度電源Ⅰ′厳気象対応調整力募集要綱には、「原則として3時間にわたり当社の指令に応じた電源Ⅰ′厳気象対応調整力契約電力の供出が継続可能であることが必要です。」と明示されています。

1日複数回の発動

ここで浮かび上がった問題が、1日複数回発動でした。3時間を同じ日に2回発動した場合、1日6時間、午前9時～正午までと、午後5～8時までの場合が大宗です。2018年1月の事例でも、1月24日、25日、26日がそうでした。製

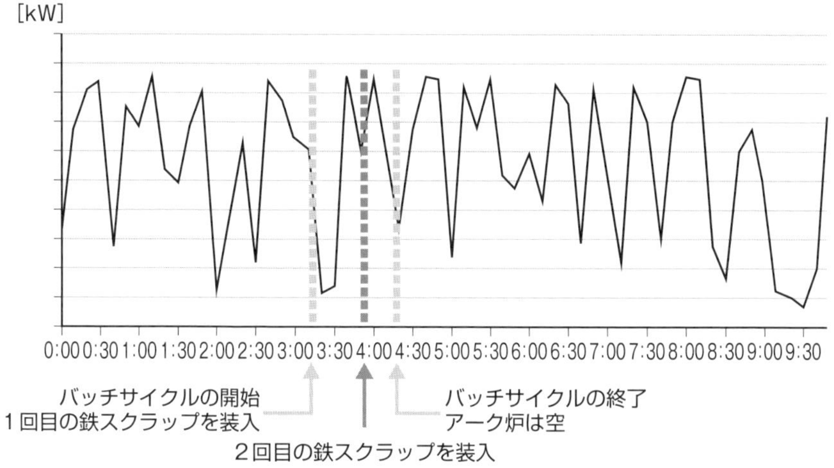

図41　電気炉の消費電力推移(イメージ)

造業の現場、例えば電気炉を使う製鋼所の場合、製造工程サイクルの途中での停止は好まれません。実際に、とある工場長からは「DRも度を超すと営業妨害だよね」と苦言を呈されたこともありました。巨大な炉で鉄スクラップを一挙に溶解するのですから、途中で止めれば製品品質への悪影響の可能性、またはオペレーションが複雑化することが容易に想定されます。予期せぬ副生ガスの発生も考えられます。

したがって、DR発動により1日3時間の停止が起こりうることを前提に製造工程サイクルを検討いただきます。ところが、それが1日に2回合計6時間となると「話が違う」となるわけです。炉の熱上げには相応の時間が掛かります。一旦止めて、その後、改めて熱上げし、ようやくピークに達する手前で再度DR発動となると「仕事にならない」。実際に当社のDRプログラムにご協力いただいた大口需要家から、DR発動結果の検証の際には、他にも様々な改善点を頂戴しました。今後の課題として、これらを1つ1つ解決すべきなのは言うまでもありません(図41)。

I′は電源中心

もう1つ、大きな課題が「そもそも電源I′の中心は電源である」という現実

表2　電源I′公募実績

出典：経済産業省電力・ガス取引監視等委員会、第44回制度設計専門会合事務局提出資料（2019年12月17日）に一部筆者加筆

応札容量・落札容量

	2018年度		2019年度		2020年度		対前年度	
	件数	容量（万kW）	件数	容量（万kW）	件数	容量（万kW）	件数	容量（万kW）
募集容量	−	132.2	−	199.1	−	428.7	−	229.6
応札容量	55	175.4	56	206.3	207	619.5	151	413.2
電源	7	59.3	9	107.5	73	420.8	64	313.3
DR	48	116.1	47	98.8	134	198.7	87	99.9
落札容量	46	132.2	50	194.3	91	426.5	41	232.2
電源	7	36.1	8	105.0	41	297.7	33	192.7
DR	39	96.1	42	89.3	50	128.9	8	39.5

旧一電以外（応札主体が旧一電以外のもの）

応札容量	46	50.4	41	38.0	128	98.8	87	60.8
落札容量	37	36.8	35	34.2	46	29.5	11	▲4.7

※2020年度広域的調達結果
応札：114.1万kW（80件）
落札：27.4万kW（18件）

平均価格（円/kW）

	2018年度	2019年度	2020年度	対前年度
合計	4,047	5,275	5,941	666
電源	5,210	6,261	6,302	41
DR	3,609	4,115	5,106	990

※平均価格は落札された電源等の契約額の合計を落札容量の合計で除した加重平均として、委員会事務局が算定。

です（**表2**）。2018年度のI′落札量は132.2万kWで、そのうちDRは96.1万kW。つまりDSR活用が約73％の比率を占めていました。ところが、その比率は2019年度：89.3/194.3≒約46％、2020年度：128.9/426.5≒約30％と年々低下傾向にあります。絶対数では2019年度から2020年度には39.5万kW増加したものの、全体確保量が増えた分、比率は激減しているのです。

その原因は2つ考えられると思います。第一が「知名度不足による需要家側の協力が得にくい」。限られた関係者の間では「わずかに盛り上がった」2018年度

のDR発動ですが､世間一般ではまだまだ未知の領域で｢DRって何？｣です。｢DRとは多種多様な需要側のリソースをIoT化してポートフォリオを構成し、ネガワットを創出する仕組みです」と説明しようものならば、現場の工場長さんから「分かりにくい」と苦言を呈されることもしばしばなのです。かといって、「節電ビジネス」と一言でまとめるには雑駁過ぎるので、DRやVPP領域を分かりやすく分析・整理し、それを平易な言葉で表現するリテラシーの向上が必須です。

デジタル化には「靴の底を減らすこと」

第二の要因は、ご理解をいただいた前提でのIoT化するための時間軸です。需要家の皆さんに趣旨を納得してもらい、DRを自動化するためにIoTを施すのですが、それにはいくつものハードルを乗り越える必要があります。現時点では、DRの発動指令を需要家が受信して、実際に調整完了までに要する時間は概ね180分です。電源I′ではこの3時間は許容されますが、今後開設される需給調整市場では間に合いません。当該市場はDR・VPPの拡大発展には欠かせないマーケットですから、やはりIoT化は不可欠です。

ところが、お客様の大切な生産ラインを、第三者であるアグリゲーターがコミットしながら、1つ1つ丁寧にIoT化するには相応の時間が掛かるのです。相互の信頼関係を醸成し、単線結線図を睨みながら落とし込む作業は、実に根気のいるプロセスです。欧州では、工場の生産ライン更新時に合わせて、予めDRをスペックインさせることもしばしばありますが、それもこれも信頼関係がなければできません。IoTやAI、デジタル化とは簡単に言いますが、最後のカギはウエットな人間関係や信頼関係だと実感します。

先にDRの市場規模として、電力会社の従前からある需給調整契約のうち、随時調整契約486万kW程度がポテンシャルだと述べました。2020年度でI′DRは128.9万kWですから30%にも満たない量です。需給調整契約とDRの違いはアナログとデジタルだ、とも言いました。しかし、アナログをデジタルに替えるには、泥臭く靴の底を減らしてお客様である需要家と対話を重ねることが不可欠であるというのは電気事業の本質と重なるところがあり、興味深い真実です。

いずれにせよDR市場は未だ3割市場であり、今後も伸びる余地は大いにあります。そのためにも、こうした課題は容量市場における｢発動指令電源｣の制度設計に活かしていかなければなりません。容量市場の第1回メインオークションは結果が出ましたが、完璧な制度設計というのはありません。その都度改善し、軌道修正することが肝要です。厳気象対応、あるいは稀頻度リスク対応の予備力である「電源Ⅰ′」は2023年度までで募集を終了し、2024年度以降は「発動指令電源」として、その活躍の舞台を移します。まだ時間はあるので、泥臭く地道に3割の比率を4割、5割と伸ばしていかなければなりません。

4 電源Ⅰ′から発動指令電源へ

地震等の激甚災害と電源Ⅰ′の関係

DR事業者には唯一最大の市場とも言える、調整力公募の中の電源Ⅰ′。2017年度からスタートして以降、表2にあるように、徐々にではありますが、その市場規模を拡大させていきました。特に、2018年9月6日に発生した北海道胆振東部地震による北海道全域ブラックアウトは、2020年度の募集量を大きく上方修正させました。それまでは東北、東京、中部、関西、九州の5エリアのみで募集していたのが、ブラックアウトを契機に全国規模の公募になったことが大きな要因です。しかし、ここで若干の疑問がわきます。地震等の激甚災害由来や、再生可能エネルギーの予測誤差は電源Ⅰ′で担保すべきかということです。

そもそもの定義として、電源Ⅰ′は、電力広域的運営推進機関の調整力及び需給バランス評価等に関する委員会において次のように規定しています。

「実効性のある供給力確保の措置が講じられるまでの暫定的措置（筆者注：容量市場開設までの間という意味）として、10年に1回程度の猛暑や厳寒の最大需要（厳気象H1需要）において、電源トラブルが発生していないにもかかわらず供給力が不足し、国からの特別な要請に基づく節電に期待する（場合によっては計画停電に至る）といった状況に陥らないようにするための供給力として、一般送配電事業者が調整力の調達を通じて確保しているもの。」

とすれば、です。地震や激甚災害、あるいは再生可能エネルギーの予測誤差による供給力不足等に対しても、電源Ⅰ′の発動により対処するのが適切なのかという疑問です。この疑問に対して、電力広域的運営推進機関は次のように整理しました。解説☞を加えながら紹介します。

① 電源Ⅰ′はアデカシーの観点から確保しているものではある。

☞第２章を参照ください。「一定程度の計画外停止や事故停止（$N-1$状態）が発生することを前提に、電力供給信頼度を設定する考え方」がアデカシーです。

② 電源Ⅰ′は、要件として発動回数（☞年間12回が前提で、TSOの要請に応じてそれ以上の回数も起こり得ます）や継続時間（☞３時間が前提）の制約が設けられている一方で、指令から３時間以内に発動可能であることを求めており、バランス停止（☞電力需要に対して、供給力が十分大きいと想定される場合、アセットマネジメントの観点から、不要不急な火力発電所をスタンバイさせることなく停止状態に置くこと。一般的には実需給の前日に判断することが多いです）した発電機の起動が間に合わないようなタイミングでも発動できるといった特徴がある。

③ 必要量は猛暑や厳寒といった状況に対応できるように評価するものの、発動をそのような状況に限定しているものではなく、天候急変などにより大きな変動が生じた場合の需要予測誤差や再エネ予測誤差に対応するために活用できるものである。

☞換言すると、厳気象に限定することなく、幅広に活用すべきという見解です。

④ これまで猛暑・厳寒時に活用することを主目的として、調整力の調達期間を限定して、夏季のみ、あるいは夏季・冬季のみ活用する契約としていた電源Ⅰ′について、調達の際に年間を通じて可能な限り発動に応じるように求めていくことでどうか。

この整理により、電源Ⅰ′は10年に１回程度の猛暑や厳寒に対応するための調整力であると共に、激甚災害等に由来する一定程度の計画外停止や事故停止にも活用し得るアデカシー電源との色彩が強まりました。

アデカシーに必要な容量とは？

幅広な役割を担うようになった電源Ⅰ′ですが、これは2023年度までです。というのも、2024年度からは容量市場「発動指令電源」にスペックインされるからです。その場合、2024年度の発動指令電源・kW価値は4年前に調達する$N-4$ですから、2020年度7月に行われたメインオークションにより既に準備されたことになります。当然、現時点で電源Ⅰ′にコミットしているDSRや電源は応札しているはずですが、その調達量はどの程度なのでしょうか。電源Ⅰ′と発動指令電源では、規模感に違いはあるのでしょうか。

まず、電源Ⅰ′の確保量を考えます。それは、当該エリアの安定供給基準と連動します。つまり、エリアごとに、確率論で評価した「平年H3需要での予備率8％」と確定論で評価した「厳気象H1需要での予備率3％」のいずれか大きい方を、安定供給確保の基準として定め、その差分が厳気象対応として電源Ⅰ′の確保すべきkW量となります。厳密に言えば、その差分から火力発電のover power（定格出力値を超えた発電）分を差し引くのですが、ここでは敢えて考慮

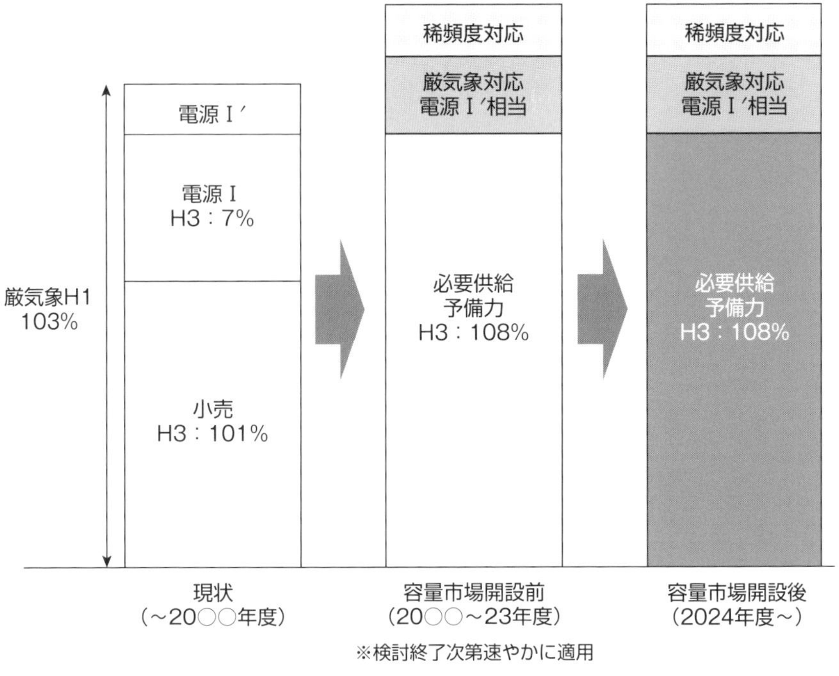

図42　容量市場で確保すべき調達量の考え方

出典：電力広域的運営推進機関、第1回電力レジリエンス等に関する小委員会（2018年12月18日）

しないで考えます。

一方、容量市場開設までの間は、厳気象対応に加えて、北海道胆振東部地震のような稀頻度リスク対応もカバーしなければなりません。これがH3（年間最大電力の３日間平均）の１％に該当します（**図 42**）。

発動指令電源の調達量

容量市場はエリアごとではなく（沖縄を除いた）全国市場ですから、エリア間の不等時性に紐付く再エネの評価も重要になってきます。不等時性とは、「同一時刻における風速や日射量が地点によって異なること」ですが、広義では、例えば

容量市場のメインオークションは、なぜ４年前（*N*－4）に開催するのか？

電力広域的運営推進機関は、容量市場を通じて実需給期間の４年前に全国で必要な供給力を一括して確保します。これが容量市場メインオークションです。同時に、実需給１年前に追加オークションを行い、過不足を調整することも想定しています。容量市場の本質は先に触れましたが、新規電源の固定費回収を意図したものです。しかし、先行実施している欧米の事情を観察すると、新規電源どころか、既設電源の固定費すら賄えない厳しい現実が窺えます。電源を新設するためには相応のリードタイムが必要ですが、それが４年で十分なのかどうか、というのは再エネ等の分散型電源（Distributed Energy Resources）なのか、大規模電源（Bulk Energy Resources）なのかで意見が分かれるところだと思います。

ちなみに、FIT 制度において固定費を含めた費用回収が行われている電源は、容量市場に参加することができません。それは FIP 制度の場合も同様でしょう。一方で、実際に応札する電源は既設が大宗であることを考えると、４年前というのは一定の合理性はあるでしょう。フランスの容量市場（MECAPA）は４年前、米国の地域送電機関である PJM は３年前です。今後は、単年度オークションの妥当性を含めて、kW 価値を複数年にわたって担保し得る新たな制度設計（「長期電源市場」的なもの）が重要と考えます。

東京電力パワーグリッド管内と北海道電力ネットワーク管内では最大需要の時間が重ならないことを指します。そこで、電力広域的運営推進機関は次に掲げる評価ポイントに基づき、必要となる調達量を算出しました。

① 再生可能エネルギーは、気象条件により、供給力として見込める量は月ごとに異なり、特に夏季と冬季で差が生じること。

② 火力発電のガスタービン発電設備は、空気圧縮機を経て燃焼器に取り込む空気量が大気温度により変化するため、（外気温度が低い）冬季の方が発電し得る出力が大きくなり、設備量が同じであっても供給力として見込める量が異なること。

一般論として、全国レベルでは夏季に火力・原子力電源が最大出力になるように定期検査等の日程を調整しています。したがって、一口で厳気象と言っても、夏季と冬季ではそのインパクトが異なるのです。具体的に申し上げます。必要となる供給力は、厳気象及び稀頻度リスク対応を含めて2019年度において夏季17,461万kW、冬季16,622万kWでした（電力広域的運営推進機関 電力レジリエンス等に関する小委員会）。一方で、必要予備率については、夏季10.8%、冬季12.4%となります。つまり、必要予備率は夏季よりも冬季の方が高いけれど、必要供給力としては、冬季よりも夏季の方が大きいのです。結果として、夏季厳気

表3　容量市場目標調達量の算定結果

出典：経済産業省、第40回総合資源エネルギー調査会 電力・ガス事業分科会 電力・ガス基本政策小委員会 制度検討作業部会（2020年5月29日）

■2020年度メインオークションの目標調達量※1、2は、2020年度供給計画にもとづき算定した結果、1億7,747万kW（177,468,513kW）となった。

※1 目標調達量には、FIT電源の期待容量1,179万kW（11,789,258kW）を含む
※2 発動指令電源の調達上限容量は、473万kW（4,728,387kW）

〈2020年度供給計画（2024年度断面）〉

単位：万kW

	北海道	東北	東京	中部	北陸	関西	中国	四国	九州	9社計
H3需要※3	499	1,354	5,298	2,440	491	2,634	1,043	491	1,540	15,790
H3需要（離島除き）	498	1,349	5,295	2,440	491	2,634	1,041	491	1,522	15,761
目標調達量	H3需要（9社計）比　112.6%									17,747

※3 北海道、東北エリアは1月断面、その他エリアは8月断面

象対応に即応した供給力を前提に、冬季厳気象時に上述の差分を考慮してもなお、安定供給に支障をきたさないレベルを、確保すべき調達量と考えました。

その結果、

必要供給予備力 H3 × 108% + 厳気象・稀頻度リスク対応分 H3 × 3% + ガスタービン火力等の年間計画停止を踏まえた追加調達分 H3 × 4.5% = H3 × 115.5% が容量市場の最大目標調達量となります。

ただし、この 115.5%には計画停止を保守的に見積もったバッファーも含まれています。計画停止とは、法令で定めた数年周期の定期点検に加えて、今後の経済合理性や需給状況を考慮して、発電所の稼動を計画的に停止するものです。**容量市場の目標調達量を過大としない、言い換えると、社会コストを抑制する観点も踏まえ、その分を約３％とし、これを控除してH3 ×約 113％を目標調達量と定めました（表３）**。発動指令電源については、その上限を 473 万 kW。目標調達量の約 2.7%に該当します。これは前述しましたが、かつての需給調整契約の中の随時調整契約 486 万 kW と大差ありません。この近似性は決して偶然ではないのです。

❯ 発動指令電源の１日複数回は？

電源Ⅰ′では、１日複数回発動が制度運用上の律速になっていることは既に紹介しました。したがって、発動指令電源に移管されるうえで、厳気象並びに稀頻度リスク対応を担うに資する実効性の一層の確保は、改善すべき重要なポイントでした。電力広域的運営推進機関が定めている発動指令電源のリクワイアメント（落札者に求められる要件）は、年間発動回数 12 回、指令応動３時間、発動後継続時間３時間です。一見、電源Ⅰ′とは変わらない印象ですが、審議会の議論を踏まえたうえで、発動指令への応動は年間最低１回、最大 12 回、そして１日１回が限度となりました。これにより**電源Ⅰ′発動時に指摘された“弱点”は克服され、様々な需要サイドのリソースの市場参画が可能になった**ことは、歓迎すべき結果だと思います。

こうした内容を踏まえると、**発動指令電源では、DR を中心とした需要側エネルギーリソース（DSR：Demand Side Resources）が大いに躍動する可能性を秘めている**と感じます。リードタイムが３時間前で、継続時間が３時間、しかも年間12回で1日複数回発動がないというスペックは、DRや蓄電池といったDSRの特徴を最大限活かすことが可能だからです。それを裏付けるように、電力広域的運営推進機関は期待容量1,000kW未満の小規模電源について、アグリゲート等により1,000kW以上の供給力を提供できる場合、発動指令電源として、容量市場に参加することを認めています。

5 Classic DR と Rapid DR

ロースペックとハイスペック

調整力公募の中の電源Ⅰ′から容量市場・発動指令電源へ。DRやVPP事業は、この大きな流れに加えて、今後は需給調整市場へのコミットメントが重要になります。DRやVPPを一定程度マネタイズするには、両市場参加は不可欠だからです。当然、それに見合う技術が必要になりますが、具体的にはどのような技術

表4　2020年度向け調整力公募の概要

出典：経済産業省、第44回制度設計専門会合（2019年12月17日）より抜粋

	周波数制御用	需給バランス調整用	
	ハイスペック・高速発動		ロースペック・低速発動
電源Ⅰ	【Ⅰ-a】 ・発動時間：5分以内 ・周波数制御機能（GF・LFC）あり ・専用線オンラインで指令・制御可 ・最低容量：0.5万kW	【Ⅰ-b】 ・発動時間：15分以内 ・周波数制御機能（GF・LFC）なし ・専用線オンラインで指令・制御可 ・最低容量：0.5万kW	【Ⅰ′】 ・発動時間：3時間以内 ・周波数制御機能（GF・LFC）なし ・簡易指令システムで指令 ・最低容量：0.1万kW
電源Ⅱ	【Ⅱ-a】 ・発動時間：5分以内 ・周波数制御機能（GF・LFC）あり ・専用線オンラインで指令・制御可 ・最低容量：0.5万kW	【Ⅱ-b】 ・発動時間：15分以内 ・周波数制御機能（GF・LFC）なし ・専用線オンラインで指令・制御可 ・最低容量：0.5万kW	【Ⅱ′】 ・発動時間：1時間未満 ・周波数制御機能（GF・LFC）なし ・簡易指令システムで指令 ・最低容量：0.1万kW

でしょうか。調整力公募の概要にそのヒントがあります。当該公募は、周波数制御用から需給バランス調整用とスペックが区別されているのですが、それが高速DR（Rapid DR）と低速DR（Classic DR）の分類に結び付いています。

表4にあるように、電源Ⅰ′はロースペック・低速発動、つまり低速DRになります。発動までのリードタイムが3時間で、周波数制御が伴わないというのは、極論すればデジタル化の必要性は低いということです。実際に、現在活用されているⅠ′では、電話やメール、あるいはファックスといった古典的手法で情報送達を行っている事業者も数多くいます。善し悪しはともかくとして、これは電力会社が運用していた需給調整契約と遜色ありません。一方、需給調整市場では、表1にあるように、応動時間が最短で10秒以内、長いものでも45分以内ということで、アナログ対応では事業可能性の観点で厳しいでしょう。したがって、需給調整市場への参入を考えている事業者はハイスペック・高速DRが必須となります。

需給調整市場が日本に先んじて整備された欧州では、ハイスペック・高速DRに関する競争が激化しており、様々な事業者がその覇権を争っています。そこで**重要なキーワードは、「いかに電源に近づけるか」**です。例えば、ガスタービン火力を考えると、日本の電力会社が運営するものでは、多くがGFや、それに次ぐ機能であるLFCを具備しています。LFCは、重要なので繰り返しますが、負荷周波数制御と言われ、周波数安定化のために時々刻々変化する需要に対して発電機出力を調整・制御するものです。

一般的には5分以内の応動時間が求められるため、中給から直接オンライン制御で行われます。これと同等の機能を需要サイドのリソースで行えるのか、その費用対効果はどうなのか、というのが電源に近づけるか否かのポイントです。**調整力として活用する一般送配電事業者の視点では、コストパフォーマンスが良ければ使うが、悪ければ使わない**ということでしょう。費用が電源よりも掛かる場合、託送料金のコストアップに繋がり、最終的には電気を使う需要家に負担を強いることになります。託送制度については後章で触れます。

DRと揚水水力

欧州、特にフランス電気事業者と話していて、日本との違いを痛感する最たるものが揚水水力の規模感です。日本の場合、電力広域的運営推進機関の調べでは2,000万kW以上が稼働可能な状態になっている一方、例えばフランスでは400万kWがスイスにスタンバイしているだけです。オンライン接続ですから、一定の時間は掛かるものの、フランスからの直接指令は可能です。最大電力比較では日本はフランスの1.5倍なので、単純換算で**日本の揚水水力はフランスの3倍以上存在することになります。揚水水力は究極的に短い応動時間であり、inertiaもGFも具備したDR事業者目線では最大の競合相手**ということになります。勿論、揚水水力はポンプアップを考えると原子力の稼働状況次第の側面もありますが、2,000万kWは非常に有能な調整力です。しかしながらDRやVPPが市場で競争的優位を築くためには、巨大なライバルを前に怯んでいては、未来はありません。そもそも欧州で高速DRが発展した経緯はどのようなものでしょうか。2つの理由が考えられます。

第一がGFの希少性です。例えば、フランスは、揚水水力と同様にGFに該当するGF電源が極めて少ないのが実情です。GF相当電源は揚水水力に加え、負荷追従性の高い石油火力が挙げられますが、フランス第一の電力会社であるEDFは、2018年3月時点で石油火力を全面廃止しました。つまり、GF電源が少ない状況において、高速DRに代表されるDSR活用のGFは極めて貴重な戦力となりうる。ですから、育成し活用することが急務なのです。

GF大国ニッポン

表5にある通り、2018年度実績では、一次調整力市場（R1）におけるDR寄与は7万5,000kWです。フランス全体の系統規模が約1億kWとすれば、その比率はわずか0.075%に過ぎません。されどこれを日本に置き換えた場合、約1億5,500万kWの系統規模として、妥当なGF確保量は3%程度と言われているので465万kWが準備すべき量となります。日本がフランスと同じ比率（0.075%）でDSRを活用した場合、約12万kWがDSR由来のGFになります。465万kWに対して12万kWならば約2.6%ですから、これは相応の比率と言えましょう。

GFが希少価値の国ならば、2.6%をDSRでカバーできれば大いに歓迎されるでしょう。しかし、もう1つ、日本が欧州と大きく異なる点がGF電源の規模感です。改めて整理します。一次調整力＝GF＝負荷追従性の高い電源等というこ

表５　フランス一次調整力市場（R1）における DR の寄与度

French Market		参照年	日本で該当する市場	募集規模	落札規模	DRシェア
Balancing Market	Primary Reserve（R1）	2018年	一次調整力	530MW	561MW	75MW
	Rapid Reserve	2019年	三次調整力①	1,000MW	1,500MW	落札規模の50%前後
	Complementary Reserve	2019年	三次調整力②	500MW	70MW	—
Capacity Market	Capacity Market	2019年	容量市場	89.3GW	—	1.7GW
	AOE (DR call for tender)	2018年	DR専用市場	2.2GW	733MW	733MW

とになります。具体的には揚水水力や石油火力、あるいは一部天然ガス火力も該当します。揚水水力は、約 2,000 万 kW 以上が稼働状態であることは御承知の通りです。もう１つの石油火力の場合、年度によるばらつきはあるものの、2,000 ～ 3,000 万 kW が稼働状態にあります。つまり、少なく見積もっても、4,000 万 kW 以上の GF 電源が常にスタンバイの状況にあるのが日本なのです。フランスは揚水水力、石油火力合計で 400 万 kW 足らずですから、日本は GF 大国と言っても過言ではありません。

結論を言います。欧州で高速 DR による GF が進化した理由は、GF 電源が少ないからというのが第一の理由です。

FIT から FIP へ

もう１つの理由が再生可能エネルギーの大量導入です。欧州では FIT を世界で先駆けて導入し、現在は FIP も活用しながらその領域を大きく拡大しています。FIP とは Feed-in Premium の略で、再生可能エネルギー発電事業者が、市場価格に連動した一定の割増金（プレミアム）を補助金として受け取れる仕組みです。日本でも 2022 年４月を目途に施行予定で、具体的には「基準価格（FIP 価格）」から、所与の期間の市場価格の平均値である「参照価格」を引いた価格を「プレミアム価格」として、その分、再生可能エネルギー事業者の収益を担保するものです。FIT = Feed-in Tariff の場合は固定価格で買い取るため、再エネ事業者の収支安定性は増す分、社会コストは嵩むデメリットがありました。FIP ならば卸電力取引市場に連動するため、一定の抑止効果が期待できます。詳しくは第4章を参照ください。

T と D の分離

系統に再生可能エネルギーが大量導入されるということは、好むと好まざるとに関わらず、大規模電源である火力発電所は休停止を余儀なくされることを意味します。日本でも太陽光発電の比率が高い西日本の電力会社ではこうした現象がみられ、より高度な系統運用が求められているのが現状です。特に地球温暖化の懸念から環境適合性に劣る石炭火力や石油火力はなおさらです。ここで慣性力や GF 不足が現実化する可能性はないとは言い切れません。詳しくは第4章で説明します。

加えて、欧州は T と D の分離も進んでいます。T とは Transmission：送電網、D は Distribution：配電網です。配電網が T から分離して当該ネットワーク内で閉じて系統運用を行う場合(いわゆるローカルグリッドの考え方)、再生可能エネルギー、特に太陽光のようなインバータ電源のみでは、当然ながら慣性力、GF 不足が顕在化します。したがって、DSR を活用した高速 DR は欠かせないピースとなっているのです。

求められる flexibility

こうした環境を背景に、欧州では大手電力会社による DR・VPP 事業者、特にスタートアップ企業への投資が加速しています。近年では、米国 DR 事業者の有力プレイヤーである EnerNOC がイタリア電力会社の雄・ENEL に買収されたり、ベルギーのスタートアップ・アグリゲーターである ReStore 社が英国電力会社の Centrica の傘下に入ったりと合従連衡が加速しています。これは電力会社が保持してきた需給調整契約という Classic DR から、デジタル化・スマート化した Rapid DR へ進化を模索するだけには留まらない大きなパラダイムシフトを予感させます。それはflexibility（柔軟性）の追求です。

再生可能エネルギーの大量導入がもたらす電力ビジネス環境の変化は、

① inertiaやGFといった調整力の不足

② 系統混雑の広範化

③ 当日市場（欧州ではintra-day market、日本では時間前市場と言いますが、第4章で解説します）の活性化

という観点に分類できますが、この3つに共通するコンセプトがflexibilityと言えるでしょう。flexibilityの概念はbalancing（同時同量）と対を成すもので、一義的にはGC後、すなわち卸電力取引市場閉場後の需給調整市場での調整力を指します。再生可能エネルギーは、環境への配慮は群を抜いているものの、慣性力の維持や電圧管理、あるは周波数維持といった系統運用上の課題は山積しています。社会コストを抑制しつつ解決するには、既存の様々なリソースを活用する必要があります。特に系統規模が限定されるローカルグリッドでflexibilityを確保するには、需要家の生産設備や蓄電池、あるは電気自動車といったDSRやDER（分散型電源）のコミットは不可欠です。言い換えると、DER大量導入時代には、DSRアグリゲーションがマストであり、その場合は一般住宅等のDSRも含めてflexibility、すなわち「柔軟性」を確保していくビジネスモデルになります。柔軟性にはハイスペックな高速DRは欠かせません。上述の大手電力会社が新興企業との買収・統合を急ぐ理由はそこにあると感じています。そしてこの流れは、いずれ日本にも訪れると思っています。

6 カギを握る託送料金改革

エネルギー供給強靭化法

2020年6月、第201回通常国会で成立・交付された「エネルギー供給強靭化法」は、今後の電力ビジネスにおいて大きなインパクトを与える法律です。部分的には言及してきましたが、ここで一旦総括します。

当該法は、電気事業法改正、再エネ特措法改正、そしてJOGMEC法改正の束

改正のポイント

1．電気事業法

（1）災害時の連携強化

① 送配電事業者に、**災害時連携計画**の策定を義務化。【第33条の2】

② 送配電事業者が**仮復旧等に係る費用**を予め積み立て、被災した送配電事業者に対して交付する**相互扶助制度**を創設。【第28条の40第２項】

③ 送配電事業者に、**復旧時**における自治体等への**戸別の通電状況等の情報提供**を義務化。また、平時においても、電気の使用状況等の**データを有効活用**する制度を整備。【第34条、第37条の３～第37条の12】

④ **有事に**経産大臣が**JOGMECに対して、発電用燃料の調達を要請できる**規定を追加。【第33条の3】

（2）送配電網の強靭化

① 電力広域機関に、**将来を見据えた広域系統整備計画**（プッシュ型系統整備）策定業務を追加。【第28条の47】

② 送配電事業者に、**既存設備の計画的な更新**を義務化。【第26条の3】

③ 経産大臣が送配電事業者の投資計画等を踏まえて**収入上限（レベニューキャップ）を定期的に承認**し、その枠内で**コスト効率化を促す託送料金制度**を創設。【第17条の2、第18条】

（3）災害に強い分散型電力システム

① 地域において分散小型の電源等を含む配電網を運営しつつ、緊急時には独立したネットワークとして運用可能となるよう、**配電事業**を法律上位置付け。【第２条第１項第11号の2、第27条の12の2～第27条の12の13】

② 山間部等において電力の安定供給・効率性が向上する場合、**配電網の独立運用を可能に**。【第20条の2】

③ 分散型電源等を束ねて電気の供給を行う事業**（アグリゲーター）**を法律上位置付け。【第２条第１項第15号の2、第27条の30～第27条の32】

④ 家庭用蓄電池等の分散型電源等を更に活用するため、**計量法の規制を合理化**。【第103条の2】

⑤ 太陽光、風力などの小出力発電設備を報告徴収の対象に追加するとともに、（独）製品評価技術基盤機構（NITE）による立入検査を可能に。（※併せてNITE法の改正を行う）【第106条第7項、第107条第14項】

（4）その他事項

電力広域機関の業務に再エネ特措法に基づく賦課金の管理・交付業務等を追加するとともに、その交付の円滑化のための借入れ等を可能に。【第28条の40第１項第８号の2、第8号の3、第２項、第28条の52、第99条の8】

2．再エネ特措法（電気事業者による再生可能エネルギー電気の調達に関する特別措置法）

（1）題名の改正

再エネの利用を総合的に推進する観点から、題名を**「再生可能エネルギー電気の利用の促進に関する特別措置法」**に改正。【題名】

（2）市場連動型の導入支援

固定価格買取（FIT制度）に加え、新たに、市場価格に一定のプレミアムを上乗せして交付する制度**（FIP制度）**を創設。【第２条の2～第２条の7】

（3）再エネポテンシャルを活かす系統整備

再エネの導入拡大に必要な地域間連系線等の**送電網の増強費用の一部を、賦課金方式で全国で支える**制度を創設。【第28条～第30条の2】

（4）再エネ発電設備の適切な廃棄

事業用太陽光発電事業者に、**廃棄費用の外部積立**を原則義務化。【第15条の６～第15条の16】

（5）その他事項

系統が有効活用されない状況を是正するため、認定後、一定期間内に運転開始しない場合、当該認定を失効。【第14条】

3．JOGMEC法（独立行政法人石油天然ガス・金属鉱物資源機構法）

（1）緊急時の発電用燃料調達

有事に民間企業による**発電用燃料**の調達が困難な場合、電気事業法に基づく経産大臣の要請の下、JOGMECによる**調達を可能**に。【第11条第2項第3号】

（2）燃料等の安定供給の確保

① **LNG**について、**海外の積替基地・貯蔵基地**を、JOGMECの**出資・債務保証業務**の対象に**追加**。【第11条第１項第１号、第３号】

② **金属鉱物**の**海外における採掘・製錬事業**に必要な資金について、JOGMECの**出資・債務保証業務**の**対象範囲を拡大**。【第11条第１項第１号、第３号】

図 43　エネルギー供給強靱化法の概要

出典：経済産業省、第５回総合資源エネルギー調査会 基本政策分科会 持続可能な電力システム構築小委員会（2020 年 7 月 20 日）

ね法という扱いで、立法趣旨は「自然災害の頻発」、「地政学的リスクの変化」、「再エネの主力電源化」を踏まえたものです（**図43**）。

自然災害は、2019年の台風15号や2020年の台風10号、あるいは2018年北海道胆振東部地震など、ここ10年で急増しています。残念ながら欧州の仲間からは「Japan is the kingdom of natural disaster（日本は自然災害大国）」と言われるほど、さらに激甚化かつ広域化しているのが実態です。加えて、再エネを主力電源化する命題に対し、一層の系統安定化費用が上昇することも予想され、国民負担を極力抑制することも急務です。こうした課題に対して、当該法は、筆者の目線では大きく分けて５つの切り口で処方箋を準備したと考えます。それは「配電ライセンス制の導入」、「アグリゲーターの創設」、「FIP（Feed-in Premium）制度の導入」、「計量制度の柔軟化」そして「託送制度改革」です。

託送制度を巡る３つの変化

託送制度改革を考えるうえで重要なのは、何度も繰り返しますが、電力ビジネスを取り巻く事業環境が大きく変化したことです。３つほど挙げます。

束ね法とは？

永田町用語です。永田町は特有のbuzzwordが飛び交います。例えば「国対」、「禁足」、「お経読み」、「本散後与理懇《ほんさんごよりこん》」など。そのせいでしょうか、一見遠い存在に感じますが、言うまでもなく私たちの生活基盤上のルールを決める大切な拠点です。したがって、国民１人１人が関心をもって監視する必要があると思います。

束ね法とは、「国民所得倍増計画」をスローガンに掲げた池田勇人内閣の時代に生まれた国会審議合理化スキームです。「趣旨、内容において密接な関連がある２以上の改正法案で、付託される委員会が同じであるなど統合することが適当なものは統合して提出する」という政策意思決定プロセスの効率性を追求した知恵です。一方で野党視点では、法案を１つ１つ丁寧に審議する機会が損なわれるとして、否定的な立場です。

第一が日本の人口動態の劇的な変化。国立社会保障・人口問題研究所の推計では、日本の人口は2008年の１億2,808万人をピークに減少に転じ、2048年に9,913万人と１億人を割り込む見通しです。加えて人口密度のまだら模様が進捗し、同研究所の推計では、日本全体の60％以上の地域で人口が半減すると言われています。特に、北海道、東北、中国、四国、九州各地方では、その傾向が強く、結果として電力やガス等のインフラ整備は、その持続的成長の維持は難しい局面に入る可能性があります。一般論として、電力需要は人口動態と「正の相関関係」にありますから、人口が減れば電力需要も減り、結果として電気料金に付随する託送料金収入も目減りするのです。加えて留意すべきは、**現在の送配電設備はその多くが1960年代後半から1970年代の高度経済成長時代に整備したもので、高経年化を迎えている**ということです。これが２つ目の変化です。さらに、３つ目の変化が再エネに代表される**分散型電源の大量導入による、既存電力系統網を利用しない事業モデルの台頭**です。特に当該法により配電ライセンス制が進展すれば、クリームスキミング防止といった措置を講じない限り、送配電設備の維持継続は一層厳しさを増す可能性すらあります。クリームスキミングについては第４章でも触れますが、配電ライセンス制度活用により、DSOが需要家の「囲い込み」を行う際、一部の収益性の高いエリアのみ切り出すことで、他エリアが「割を食う」状態を指します。この点は、今後の詳細設計において、その防止策を講じる前提で論議が進んでいますが、欧米では既にいくつかの対策が実施に移されています。

ニューヨーク州の取り組み

例えば、米国のニューヨーク州では、配電事業者の分散型電源の利用実績に連動して一定の報酬額を定め、それを次年度以降の託送料金に反映させる制度をスタートさせました。再生可能エネルギーに代表される分散型電源は系統運用事業者目線では諸刃《もろは》の刃です。太陽光等により自家発自家消費が増える→系統電源利用が減り、託送料金収入が減る→系統運用維持管理費が目減りする→託送料金の値上げ→さらなる自家消費が増え、託送料金収入減といったデススパイラルが顕在化していました。特に米国は蓄電池設置費用が安価のため、太陽光とのセットは配電事業者には脅威でした。この悪循環を回避するために、**託送料金収入の安**

定化を図る趣旨で、再生可能エネルギー比率に応じての基準報酬を託送料金に算入することを容認したのでした。こうした制度は全米25州以上に導入されています。

いずれにしても託送制度改革は、電力小売全面自由化、人口減少、再生可能エネルギーの進捗、自然災害の増加により、電力系統運用の保全・維持が厳しさを増していることへのソリューション提案です。したがって、従前の電力ネットワークの常識を超えた「新しい」ネットワークシステムの構築が急務で、「そのための費用負担は、誰が、どのように担うのか」。これが託送制度改革の本質です。

現在の託送制度

当該制度改革は、電力システム全体のコスト、いわゆる社会コストを低減させることが大前提であることは言うまでもありません。どのような手法であるべきか？ その前に、現在の託送制度を簡単に紹介し、対比の中で解を見出したいと思います。

送配電網を利用するためのコストである託送料金は、一般送配電事業者が法令に基づき算定し、経済産業大臣の認可により設定されます。費用回収スキームとしては、小売事業者が需要家から受け取る電気料金に上乗せする形で支払います。算定方法については、全ての原価に適正利潤を上乗せする総括原価方式と実質的には同じで、一般送配電事業者の総原価（人件費、修繕費、減価償却費、租税公課、事業報酬…）を活動基準原価計算（Activity Based Costing）によって「因数分解」し、それらの送変配電関連コストを、特別高圧・高圧・低圧の需要別費用に配分し、３種類の託送料金を算出します（**図44**）。

重要なのが認可手続きです。現行では、一般送配電事業者から託送料金の認可申請があった場合、経済産業大臣は、電力・ガス取引監視等委員会の意見を聴いたうえで、認可を行うこととされています。その際、電力需要家が直接小売事業者に支払う電力小売料金とは違って、小売事業者と送配電事業者間の、いわゆるB to B（Business to Business）であることから、料金認可の際にパブリックコメント制度（意見公募手続制度）を活用したり、公聴会を開催したりすることは考えられていません。

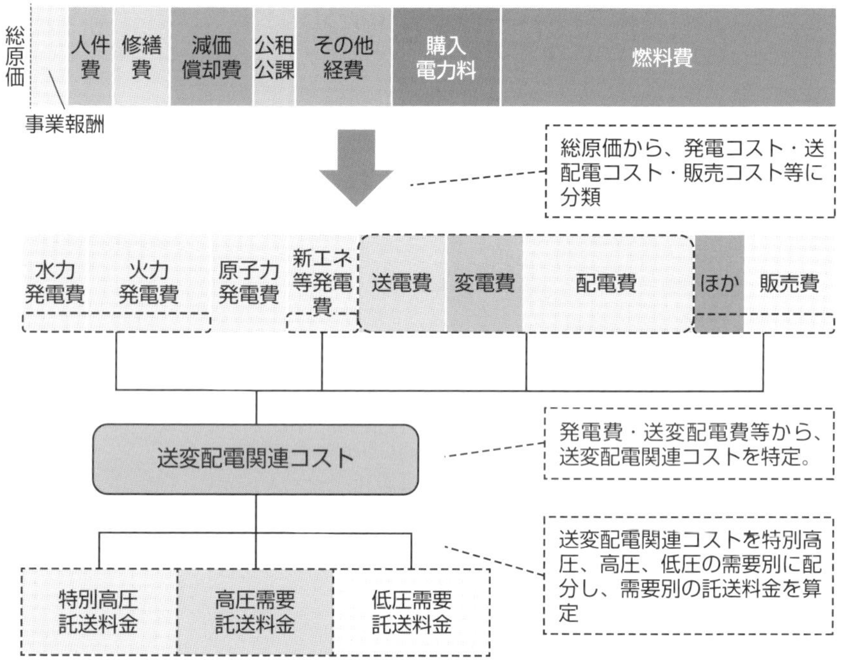

図 44　現行託送料金の算定方法

出典：経済産業省、第４回総合資源エネルギー調査会 電力・ガス事業分科会 電力・ガス基本政策小委員会(2017 年７月７日)

レベニューキャップ方式

こうした総括原価方式から、今般の制度改革では、欧州でも採用されているレベニューキャップ方式を前提に制度設計を議論することになります。さて、レベニューキャップとはどのようなものでしょうか。文字通り解釈すれば、revenue（収入）に cap（上限）を被せることです。まずは送配電総費用を算出し、それを一定期間の収入上限として、以後事業者の経営努力によりコストダウンを図って上限を下回った場合は、その分が効率化利益(効率化係数)として事業者や送配電網利用者(需要家)に還元されるものです。一定期間の定義ですが、国によって様々で、例えばフランスは４年、ドイツでは５年、イギリスでは８年です。その都度、収入上限は見直されます(洗い替えといいます)が、大切なのは事業者の自律性に訴え、それが return として反映される規制方式だということです。こうした方式をインセンティブ規制と呼びます。現行制度でも、需要減少に伴う託送値上げ申請の場合、厳しい査定があるため、それを回避するために効率化インセンティブが働くとの解釈も可能ですが、それはあまり現実的ではありません。

インセンティブ規制には、もう１つプライスキャップ方式があります。実は、1997年に託送制度見直しが検討され始めた当時、俎上に上りましたが、最終的には採用されませんでした。前者との大きな違いは送配電総費用へのcapではなく、price（単価）へのcap（上限）です。自助努力により効率化がなされても、kWhが増えれば増えるほどreturnは極大化します。穿った見方をすれば、省エネ・ディスインセンティブになりかねません。よって今回も採用されませんでした。

外生的費用

もう１つ重要なポイントは外生的費用の扱いです。大きなパラダイムシフトの渦中にある事業者には、想定外は付き物です。例えば、大規模災害への対応並びに復旧、再生可能エネルギーの急増に伴う系統増強、税制の制度変更、調整力の量・価格の増減、想定需要と実績需要の大幅な乖離など、４年や５年のスパンで見通しを立てようとしても、その予見性を大きく逸脱する事象は枚挙に暇がありません。地震や台風による自然災害が多発する日本ではなおさらのことです。つまり、洗い替えの段階では予測できなかった不可避な追加コストを、どのように適切に分担すべきかという問題が常にあるのです。このような偶発債務に対しては、レベニューキャップに上乗せするのか、あるいは次の設定期間に反映させるのか、させないのか、今後の詳細設計に判断を委ねることになっています。

期中調整

外生的費用は、レベニューキャップと対比する意味合いで「期中調整」とも呼ばれており、欧州では一般的に認められています。期初に設定したレベニューキャップに対し、送配電事業者にとって外生的な要因で発生した不可欠な費用項目を、事業者が適時適切に回収することができるように配慮した制度と言えます。欧州では、期中調整は３つの考え方、「自動調整」、「規制当局への届け出に基づく調整」、「規制当局の審査・認可に基づく調整」に大別されます。

「自動調整」は、インフレ率、需要変動対応、税金（公租公課）が該当します。要は、事業者に裁量の余地のない領域のコストは、燃料費調整制度（サーチャージ）同様、

表６　欧州の期中調整項目

イギリス	ドイツ	フランス
毎年、TSO/DSOが計算し、規制機関に申請 ⇒翌年度のWRに反映	毎年、TSO/DSOが計算し、規制機関に申請 ⇒翌年度のWRに反映	毎年、TSO/DSOが計算し、規制機関に申請 ⇒±２%以内は翌年度のWRに反映、それ以上は以降に持ち越し
物価変動	物価変動	物価変動
需要変動	需要変動	需要変動
税金（公租公課）	税金（公租公課）	税金（公租公課）
R&D助成	R&D助成（50%分のみ）	R&D助成
電力品質指標達成度	電力品質指標達成度	電力品質指標達成度
調整力・予備力	調整力・予備力	調整力・予備力
混雑管理費用	混雑管理費用	混雑管理費用（国外分）
設備投資	設備投資	設備投資
TIMメカニズム		

収入上限に反映させる趣旨です。「規制当局への届け出に基づく調整」は系統増強等に掛かる費用、景観保護（地中化）に掛かる費用、「規制当局の審査・認可に基づく調整」はイノベーション推進に関する費用といったイメージです（**表６**）。調整力をつくり出すDR・VPP事業者目線では、期中調整の概念は、例えば需給調整市場の調整力の量と価格の予見性を担保する意味で、さらには事業の持続可能な成長のために重要なポイントとなります。

参考文献

（１）電力広域的運営推進機関，一次調整力から三次調整力①の必要量の考え方について，第14回 需給調整市場検討小委員会資料，2019年11月5日
https://www.occto.or.jp/iinkai/chouseiryoku/jukyuchousei/2019/files/jukyu_shijyo_14_02r.pdf

（２）電力広域的運営推進機関，各検討事項の進め方について，第1回電力レジリエンス等に関する小委員会資料，2018年12月18日
https://www.occto.or.jp/iinkai/kouikikeitouseibi/resilience/2018/files/resilience_01_03_02.pdf

（３）Minister Bruton Announces Scheme to Reach 70% Renewables

https://www.dccae.gov.ie/en-ie/news-and-media/press-releases/Pages/Minister-Bruton-Announces-Scheme-to-Reach-70-Renewables.aspx
（4）国際再生可能エネルギー機関，再生可能な未来のための計画－変動性再生可能エネルギー（VRE)発電を拡大するための長期モデル分析とツール－
https://www.env.go.jp/earth/report/h30-01/ref01.pdf
（5）経済産業省資源エネルギー庁，ネガワット(節電)取引について，平成28年5月25日
https://www.meti.go.jp/shingikai/enecho/denryoku_gas/denryoku_kihon/pdf/006_04_00.pdf
（6）内閣官房，節電に関する考え方の整理，2012年4月26日
http://www.cas.go.jp/jp/seisaku/npu/policy09/pdf/20120426/shiryo4-2.pdf
（7）東京電力，関東の電気事業と東京電力，2002年3月
（8）電力広域的運営推進機関，容量市場メインオークション約定結果(対象実需給年度：2024年度)，2020年9月14日
https://www.occto.or.jp/market-board/market/oshirase/2020/files/200914_mainauction_youryouyakujokekka_kouhyou_jitsujukyu2024.pdf
（9）寒波で電力逼迫 東電，企業向け節電「ネガワット」発動，日本経済新聞朝刊，2018年1月26日
https://www.nikkei.com/article/DGXMZO26138530V20C18A1EA1000/
（10）経済産業省，一般送配電事業者が行う調整力の公募調達に係る考え方，平成28年10月17日
https://www.emsc.meti.go.jp/info/guideline/pdf/20171211.pdf
（11）経済産業省資源エネルギー庁，第9回 総合資源エネルギー調査会 電力・ガス事業分科会 電力・ガス基本政策小委員会資料，2018年5月18日
https://www.meti.go.jp/shingikai/enecho/denryoku_gas/denryoku_gas/pdf/009_04_00.pdf
（12）東京電力パワーグリッド，2018年度電源Ⅰ′厳気象対応調整力募集要綱
https://www.tepco.co.jp/pg/consignment/reserve/2018/pdf/youkou3.pdf
（13）電力広域的運営推進機関，2020年度向け調整力公募に向けた課題整理について，第39回調整力及び需給バランス評価等に関する委員会資料，2019年5月23日
https://www.occto.or.jp/iinkai/chouseiryoku/2019/files/chousei_39_03.pdf
（14）電力広域的運営推進機関，更なる供給力等の対応力確保策の検討，第5回電力レジリエンス等に関する小委員会資料，2019年3月27日
https://www.occto.or.jp/iinkai/kouikikeitouseibi/resilience/2018/files/resilience_05_02_01.pdf
（15）電力広域的運営推進機関，第1回電力レジリエンス等に関する小委員会資料，2018年12

月 18 日
https://www.occto.or.jp/iinkai/kouikikeitouseibi/resilience/2018/resilience_01_shiryou.html
(16) 経済産業省，容量市場について，第 40 回 総合資源エネルギー調査会 電力・ガス事業分科会 電力・ガス基本政策小委員会 制度検討作業部会資料，2020 年 5 月 29 日
https://www.meti.go.jp/shingikai/enecho/denryoku_gas/denryoku_gas/seido_kento/pdf/040_03_01.pdf
(17) 経済産業省，一般送配電事業者による 2020 年度向け調整力の公募調達結果等について，第 44 回制度設計専門会合，2019 年 12 月 17 日
https://www.emsc.meti.go.jp/activity/emsc_system/pdf/044_07_00.pdf
(18) 電力広域的運営推進機関，電源 I-a の必要量試算結果と募集量について，第 51 回調整力及び需給バランス評価等に関する委員会，2020 年 7 月 9 日
https://www.occto.or.jp/iinkai/chouseiryoku/2020/files/chousei_51_02_01_sankou.pdf
(19) 経済産業省，第 5 回 総合資源エネルギー調査会 基本政策分科会 持続可能な電力システム構築小委員会，2020 年 7 月 20 日
https://www.enecho.meti.go.jp/committee/council/basic_policy_subcommittee/system_kouchiku/005/
(20) 厚生労働省，人口減少の見通しとその影響
https://www.mhlw.go.jp/wp/hakusyo/kousei/15/dl/1-00.pdf
(21) 経済産業省資源エネルギー庁，事業環境の変化を踏まえた料金改定手続について，第 4 回 総合資源エネルギー調査会 電力・ガス事業分科会 電力・ガス基本政策小委員会，2017 年 7 月 7 日
https://www.meti.go.jp/shingikai/enecho/denryoku_gas/denryoku_gas/pdf/004_08_00.pdf

第4章

VPPが創造する新たな時代

1 新・ベストミックスの構成要素

電源のベストミックスとは？

ここまで、140年前の黎明期から、水主火従・火主水従を経て、火力でも石炭、石油、液化天然ガス（LNG）から原子力と変遷し、現在では再生可能エネルギー主力電源化、DR（Demand Response）・VPP（Virtual Power Plant）に向けての大きなうねりを駆け足で紹介させていただきました。ベストミックスという概念は、単に電源構成の最適化というものではありません。エネルギー政策基本法に謳われた「エネルギー安全保障（Energy Security）」、「環境適合性（Environmental Compatibility）」、そして「経済合理性の追求（Economic Efficiency）」と、この三大構成要素の大前提となる「安全性の担保（Safety）」。3E＋Sの交点（Intersection）こそがベストミックスであるべきです。

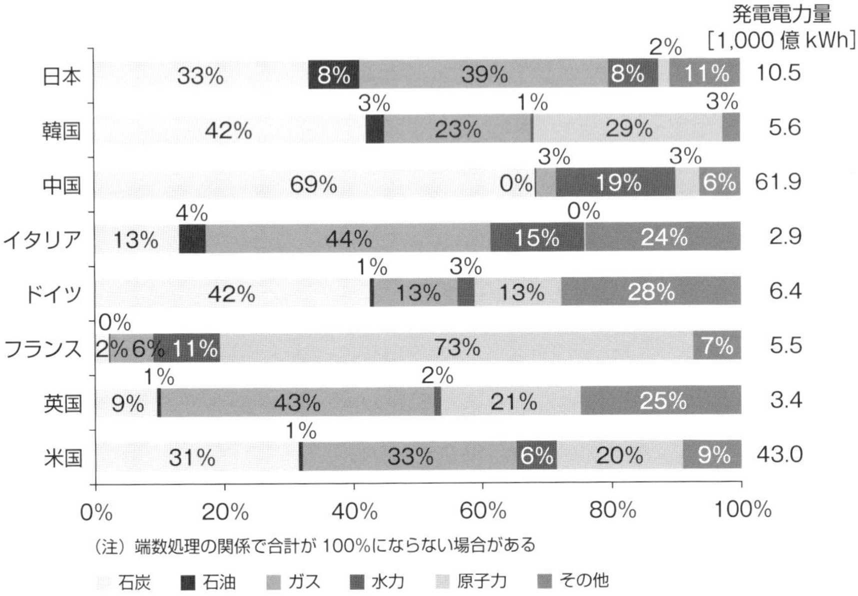

図45 主要国の発電電力量と発電電力量に占める各電源の割合（2016年）

出典：経済産業省資源エネルギー庁、平成30年度エネルギーに関する年次報告（エネルギー白書2019）、第2部エネルギー動向／第2章国際エネルギー動向／第3節二次エネルギーの動向

Polyvalentという言葉があります。そもそもは科学・医学用語で「多価な」という意味合いですが、最近では複数の機能がこなせる人材や仕組みを指す時に使われているようです。電気事業において、電源構成要素となる各々がpolyvalentなのか否か、というのは意見が分かれるかもしれませんが、筆者はどの電源にも一長一短がある、と思います。したがって、**ベストミックスを追求するには、各リソースの長所を極大化しつつ短所を補完するために、多様なリソースを組み合わせることが社会的利益の極大化に繋がる**と確信しています。

3E＋Sの交点が1つの解ならば、それは国の特性に応じて異なるのは言うまでもありません。勿論、どの国も現状が最適ではありませんし、開発途上であるはずです。しかし、現状分析により一定の方向性、あるいは将来像を窺い知ることはできます（図45）。

❯ 欧州のベストミックス

例えばフランスです。フランスと日本に共通するのは「天然資源に恵まれないこと」。30年前の話ですが、フランス語が堪能だった当時の上司は、「フランスに資源はないが、知恵がある（La France a peu de ressources, mais de la sagesse）」という第一次オイルショック当時の国営テレビのスローガンを紹介してまわっていました。それに加え、大きな違いは「日本のような地震や津波がないこと」。したがって、準国産エネルギーである原子力に、エネルギー安全保障上、一定程度依存するのは自明でした。年度により振れ幅はあるものの、ほぼ70％以上を賄っています。文字通り「原子力大国」です。これを2015年7月22日に制定された「エネルギー転換法（Energy Transition for Green Growth Act）」では、

① 温室効果ガス排出量を2030年までに2009年比で40％削減、2050年までに75％削減

② 電力に占める原子力発電割合を2025年までに50％に削減

③ そのために、現在稼働中の原子力発電最大容量である63.2GWを超える原子力発電所の新規建設を禁止

④ 40年以上経過原子力発電の稼働ルールを厳格化

⑤ 再生可能エネルギー推進の妨げとなる規制を緩和し、手続きも簡素化

⑥ 結果として、電力に占める再生可能エネルギー割合を2030年までに40％

に引き上げ

と大きなパワーシフトを明記しました。

実現可能性は今の段階では何とも言えないですが、フランスの電力関係者と話していると、原子力については雇用問題が解決されれば、この方針に従って進んでいくとの意見が大宗を占めているのが印象的です。それでも過半数を原子力で維持する方針に変わりはないわけですが、一方で再エネ比率も40％ということは、90％をカーボンフリー電源（非化石燃料電源）で賄うことが、国家としての決意であることが読み取れます。

ドイツの状況はフランスと異なります。原子力は2022年までにフェードアウトを目指し、一方で、再生可能エネルギーは2030年までに消費電力の65％まで引き上げることを目標に掲げています。原子力は2022年で全廃止を目指すので、電力の非化石燃料比率は再生可能エネルギーに頼り、それは2030年までに65％であることには変わりがありません。**一方のフランスは90％なので、ドイツは間違いなく「再生可能エネルギー大国」ですが、必ずしも「欧州一の非化石燃料大国」ではないことが分かります。**実は、ここにドイツの抱えるジレンマがあります。ドイツは国家の在り様として、一般的には経済政策を最優先に据える傾向にあります。図45にもあるように、ドイツの消費電力量の約40％が石炭火力なのはなぜか。自国内に豊富な資源を有し、そのまま雇用問題に直結するからです。

しかし、再生可能エネルギー大国を標榜するにはバランスを失するとして、ドイツ政府が2038年度までに石炭・褐炭火力を全廃する方針を掲げたのは既に紹介した通りです。勿論、激変緩和措置の一環として、石炭採掘地域の産業構造改革支援や失業対策に、今後20年間で約400億ユーロを計上しています。経済最優先とは雇用問題であり、石炭火力、その中でも品位が決して高くない褐炭火力発電所の維持継続の是非が、政治的な労働組合問題と複雑に連動しながら厳しい現実を突きつけていると言えましょう。

日本のベストミックスの行方

我が国の目指す3E＋Sの１つの解が、2030年までに非化石電源比率42～44％となります（**図46**）。再生可能エネルギーで22～24％、原子力で20～22％ですが、原子力については、2020年８月現在で稼働しているのが９基です。１基

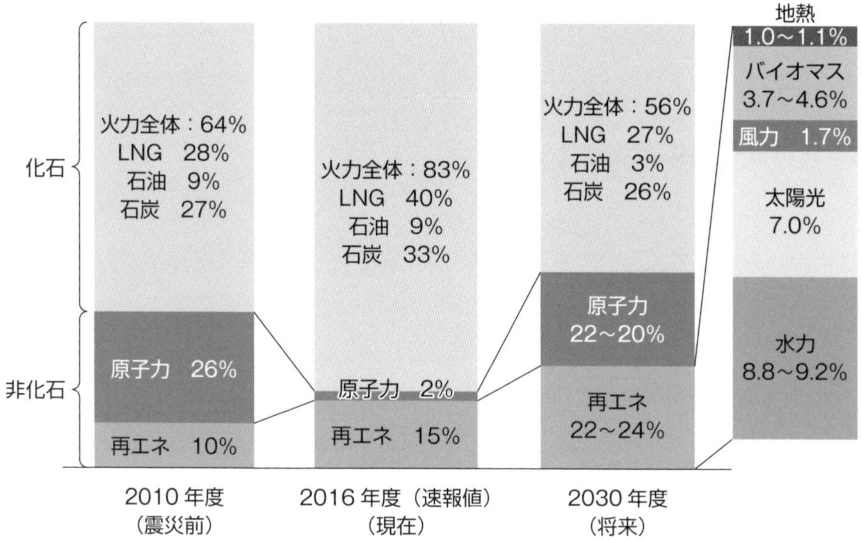

図46　2030年に目指すエネルギーミックス

出典：経済産業省資源エネルギー庁、「2030年エネルギーミックス実現へ向けた対応について」（平成30年3月26日）

当たりの稼働率を何％に設定するかで上下動しますが、仮に70％以上の稼働を求めた場合、単純計算で30基以上の再稼働が、22％達成には必要となります。立地地域との交渉等を考慮すると、個人的見解ではありますが、チャレンジングな数字だと感じます。一方で、再生可能エネルギーは、日本では太陽光が中心になりますが、FIT（固定価格買取制度）の恩恵もあり、2030年の24％は十分に達成可能だと踏んでいます。恐らくは、今後は洋上風力もラインアップに入るでしょうから、30％以上も状況次第で達成し得るのでは、と見ています。

2020年7月には石炭火力の「トリアージ」方針が表明されました。今後の審議会等での議論次第ですが、石炭ガス化複合発電（IGCC）と超々臨界圧（USC）以外の非効率石炭火力は選別される可能性もあります。昨今の**「脱・石炭」の潮流は、ESG（環境（Environment）、社会（Social）、ガバナンス（Governance）の頭文字を取ったもの）への取り組み強化と連動して、金融機関の投融資・原則停止や保険会社の保険引受・原則停止といった姿勢に反映**されています。必定、非効率（一義的には発電効率が40％以下の電源を指します）と見なされた超臨界圧（SC：

Super Critical）等は今後、休廃止が求められ、こうした電源比率の高い電力会社は経営上厳しい局面に立たされるかもしれません。その場合、現在は2030年度時点で26％とされている石炭火力比率は下振れすることは予想できます。

プロセスDRが加速？

この方針決定には、もう1つの隠れたインパクトが潜んでいます。それは、製造業の自家発・自家消費分もトリアージ対象となっていることです。自家発所有の製造業需要家は産業用DRの主要顧客であり、環境適合性の観点では疑問符が付く「自家発活用DR」のメインプレイヤーなのです。自家発活用DRとは、需給ひっ迫時に系統電源の使用抑制をお願いする代わりに自家発電を稼働してもらい、自家消費に充てていただくDRプログラムの1つです。鉄鋼や化学プラント

石炭火力と原子力の相関関係

筆者が電力会社に在籍していた頃、エネルギーミックスにおける石炭火力の比率は、欧州と比べても決して高いものではありませんでした。2010年の電源構成を見ると、原子力25％、石炭火力28％、LNG火力29％です。その直後に東日本大震災が発生、福島第一の事故以降、原子力の休廃止が一挙に進みました。

その結果、2018年時点では、原子力6％と19ポイント減、それを埋めるかのように石炭火力32％と4ポイント、LNG火力38％と9ポイント上昇しています。勿論、再生可能エネルギーが、2010年の9％から2018年は17％と大きく飛躍したことは特筆すべきです。ただし、石炭火力はベースロード電源なので、変動電源である再生可能エネルギーで代替し得るかどうかは別問題。また、LNGは、CO_2原単位では石炭よりも優位性はありますが、それでも化石燃料であることに変わりはありません。したがって、石炭火力をトリアージする場合、好むと好まざるとに関わらず、同じベースロード電源である原子力の再稼働とパッケージで論議されるべきだと思います。

に隣接する自家発電は石炭火力も多く、仮にこうした電源が休廃止されれば、「プロセス DR」への移行が加速する可能性が高まり、これは地球温暖化対策の視点では望ましい方向と言えるでしょう。

3つの価値

新・ベストミックスを巡る電力の風景はどのようなものでしょうか。第1章でも触れましたが、これからの電力ビジネスは3つの価値が取引される時代です。kW 価値（発電容量や規模感を表す単位で、容量市場で取引されます）、kWh 価値（実際にエネルギーとして消費される電力量で、主として卸電力取引市場で扱います）、そしてΔ（デルタ）kW 価値（GC 後の実需給断面において、発電機出力調整や DR 活用により電力需給や周波数を一致させる調整能力で、需給調整市場にて取引されます）です。

kW 価値は、既に容量市場第1回のメインオークションが終了し、様々な課題を抱えながらも 2024 年に向けて一定の方向性が見えてきました。今後は、新たな kW 価値担保スキームの制度設計の進捗を考慮しながら、いかに電源の新設予見性を確保していくかが、事業者にとっては重要になります。

kWh 価値については、2020 年4月から5月の日本卸電力取引所（JEPX）スポット価格が最低価格 0.01 円を付けたことで、関係者の間で動揺が走りました。この最大の要因は、FIT 価格を考慮しなければ限界費用が限りなくゼロに近い太陽光由来の kWh が大量に市場に流入しているからです。特に予見性に乏しい太陽光は、火力発電と比して kWh 制御が不確実なため、余剰分調整として安値で日本卸電力取引所に放出する傾向があります。

ネガティブプライス

興味深いデータを紹介します（図 47）。2020 年前半までのデータですが、2010 年 24 時間平均スポット価格よりも安値を付けていることが分かります。2010 年当時は東日本大震災以前ですから、全国で原子力発電所が稼働していました。原子力は超巨額の投資を超長期で回収する事業モデルですので、kWh 単価の競争力はあると考えられています。

しかし、今やそれを凌駕する勢いで太陽光が存在感を示していることになり

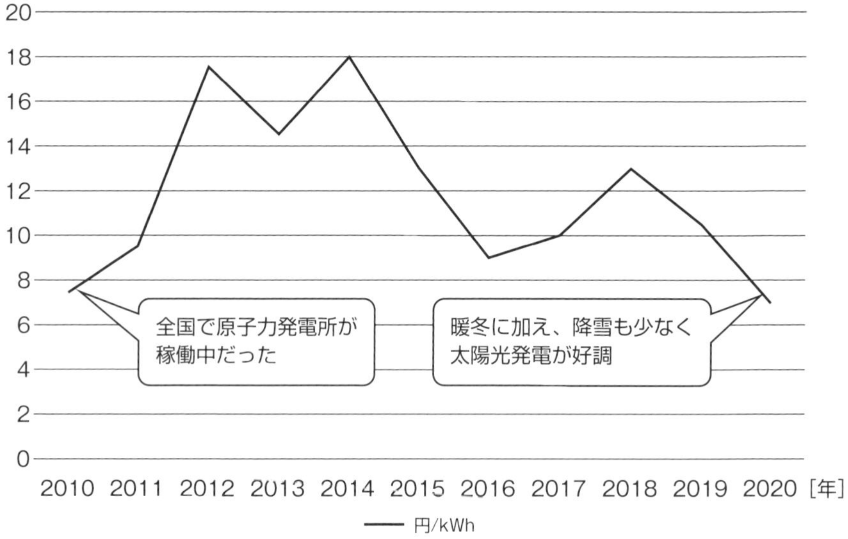

図 47　日本卸電力取引所スポット価格(2010 ～ 2020 年前半)

ます。この事象は、欧州では最早日常的に散見されます。**欧州電力卸取引市場(European Energy eXchange)では取引の下限価格を撤廃しているので、マイナス価格(ネガティブプライス)を付けることも多々あるのです。マイナス価格とは「電気を調達したら、お金もついてきた」という現象であり、ドイツでは年間200 時間以上、フランスでも 40 時間以上の規模感でマイナス価格が約定**されています。現時点では、マイナス価格取引は日本では認められていませんが、同様の現象が近い将来発生することは時間の問題でしょう。

再エネ主力電源化に向けて

本節のタイトルは、日本の「新・ベストミックスの構成要素」です。その真意は、いかに「再生可能エネルギー主力電源化」を達成し得るのか、いかに「非化石燃料比率を高めるか」に尽きます。なぜならば、日本は 2030 年までに、温室効果ガスの 2013 年度比 26%削減を国際公約に掲げているからです。非化石燃料比率向上には原子力の順次再稼働も不可欠ですが、ここでは再エネ主力電源化に向けたあるべき姿を、筆者なりに纏めていきたいと思います。そのためのキーワードがΔ

（デルタ）kW 価値なのです。敢えて言わせてもらえれば、「**ΔkW 価値を制する者が、電力システム改革を制する**」。なぜならば、繰り返しになりますが、**瞬時に変化する電力需給の調整力機能こそが電気事業そのもの、電気事業のコアコンピタンス**だからです。これまでは電力会社の系統運用部門に頼り切っていた機能を、DSR（Demand Side Resources）・DER（Distributed Energy Resources）の時代は様々な事業者が担う可能性がある、むしろ担わなければならないと思います。

2 Balancing から Flexibility へ

FIP 制度の導入

再生可能エネルギー主力電源化を見据えた制度設計には、ΔkW 価値のコンセプトが欠かせないことはご理解いただけたと思います。前章で紹介した「エネルギー供給強靭化法」の5つの柱のうち、「FIP 制度の導入」は再エネ主力電源化に欠かせません。そこに DR や VPP、あるいは DSR・DER がどのように相関するのでしょうか。そもそも FIP 制度とは？　FIT 制度との違いは何でしょうか。

FIP（Feed-in Premium）制度は、FIT よりも国民負担が軽減され、一定の市場原理が活用されるメリットがあります。FIT の場合、発電事業者は 10 年から 20 年の間、固定価格で発電 kWh 分を買い取ってもらうことが可能です。したがって、自助努力による発電コストの低減分が直接「儲け」として受け取れるメリットがあります。例えば、制度導入当初は 40 円／kWh だったので、仮に発電コストが 20 円ならば kWh 当たりのリターンが 20 円ということになります。一方、FIP で受け取れる金額は固定価格ではありません。市場価格（この定義は現在論議中です）に連動して、そこに一定の補助（これがプレミアムです）を載せて売電されます。プレミアムが高額でない限り、固定価格で買い取られる FIT と比べ国民負担分が軽減され、結果として社会コストを下げる効用があります。

FIT 制度の本質は事業の揺籃期における一種の助成措置であり、いわゆる時間を買う政策です。再生可能エネルギーを育てたいが、affirmative action（積極的

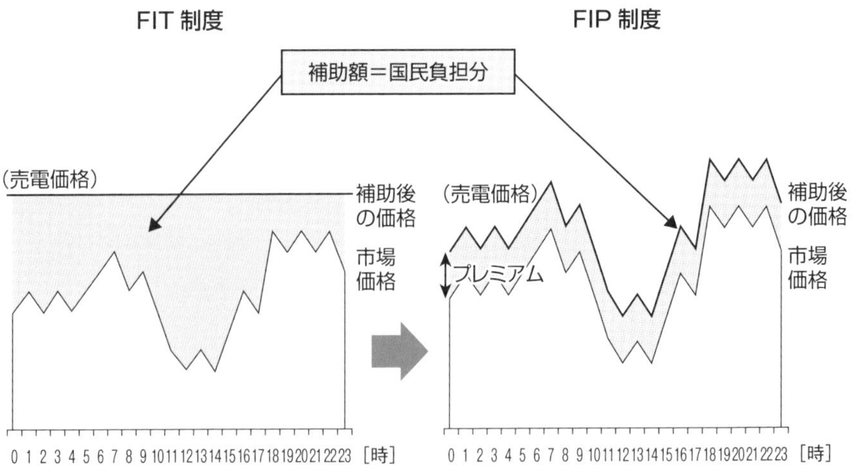

図 48　FIT 制度と FIP 制度

出典：経済産業省資源エネルギー庁、再生可能エネルギー大量導入・次世代電力ネットワーク小委員会（令和２年７月 22 日）資料に筆者加筆

是正措置）なしで市場メカニズムに委ねるには他電源に劣後するため、まずは「ハンディキャップを持たせて、国民全体で応援しよう」というのが、制度導入時の本音だったと思います。その甲斐あって、2020 年 3 月時点で太陽光は 5,580 万 kW の導入水準に達した結果、徐々に市場メカニズムに委ねる事業スキームを、ということで FIP の採用が検討されました（図 48）。

市場と連動する FIP

FIP の要諦は市場メカニズムの活用です。「市場の醍醐味とは」と聞かれれば、例えば「安値で仕入れ、高値で売り抜く」ということでしょう。第２章でダックカーブ現象を紹介しましたが、そのタイミング（太陽が陰る夕方の需要ピークを指します）では、市場メカニズムが機能していれば卸電力スポット価格は上昇局面を迎えているはずです。そこを捉えて太陽光発電を売電できれば、裁定取引が可能となり、結果として市場での再エネ取引量増加≒再エネ主力電源化に繋がるはずです。勿論、物理的には太陽が陰っている時点なので、その電力供給は蓄電池を活用することになります。FIT の場合は、このような市場メカニズムとの連動性がないため、蓄電池を活用して売電するような発想は生まれません。つまり、再生可能エネルギー事業にダイナミズムを呼び込むことも、FIP 制度のもう１つの主眼でもあります。

ここでのポイントは、太陽光発電のような DER をどのように束ねて市場に供出するのか、ということです。しかも、例えばメガソーラーではない、自宅屋根に設置された家庭用太陽光発電の自家消費分以外の余剰分（いわゆる逆潮流分です）を活用する場合、市場で「売買」するための情報も運用技術も容易ではありません。そこで、第２章でも触れた小規模の再エネを束ねて市場との取引を代行する再エネアグリゲーター、すなわちダイレクトマーケッター（direct marketer）の存在がカギを握ります。ダイレクトマーケッターとは、文字通り解釈すれば直接取引する者です。再生可能エネルギー由来の電気の場合、発電所で生まれた財（電気）は、その多くが一般送配電事業者の所有する送配電網を経由して卸電力取引市場で取引されます。日本の取引所は日本卸電力取引所がそれに該当します。電力小売事業者の多くは日本卸電力取引所経由で電気という財を調達し、最終的には自身の顧客（需要家）に売買します。

再エネアグリゲーター≒ダイレクトマーケッター

一方で、再エネ発電事業者が卸電力取引市場を介することなく、相対取引で直接需要家に販売するスキームが direct marketing であり、そこには仲介者としてのダイレクトマーケッターが存在します。ダイレクトマーケッターの役割は、欧州事例を参考に考えると「再生可能エネルギーを束ねる機能（アグリゲーション機能）」、「再生可能エネルギー発電予測機能」、「卸電力取引市場のモニタリング機能」、「同時同量未達の際に生じるインバランスペナルティ回避機能」の４つに大別されます。つまり、ダイレクトマーケッターとは、再生可能エネルギーのアグリゲーターであり、彼らに求められるのは、時々刻々変化する卸電力スポット市場での価格動向を睨みながら、自身が管理運用を委ねられている、Balancing Group（BG）内のインバランスペナルティを回避し、同時同量を達成することなのです。それを実現し得るのが balancing technology であり flexibility technology です。

瞬時に変動する電力の需給をバランスさせる技術こそが、電気事業の神髄であることは何度も申し上げてきました。それならば、この FIP 制度が定着した場合、再エネアグリゲーターの役割は極めて重大です。これまでは電力会社の中給が担ってきた機能を、一部とはいえ代行するのですから。

❯ 現在の Balancing と Flexibility

この一瞬一瞬の電力需給変動（電力需給調整機能）を時系列で考えると、balancing と flexibility の意味合いが見えてきます。一番のポイントは GC（Gate Close：卸電力取引市場閉場）であり、その前後では見える風景が大きく異なります。ここでは GC 前を balancing、GC 後を flexibility（系統運用の柔軟性確保）で整理します。前者は発電事業者・小売事業者による実同時同量の達成、後者は一般送配電事業者による需給調整の達成がミッションになります。

実同時同量の達成には、電力小売事業者が自身の顧客へ届ける電気を過不足なく想定し、その想定に基づいて発電事業者等から調達することが求められます。電力調達手段には、相対取引契約、あるいは卸電力取引市場経由の２種類が考えられるでしょう。すなわち、小売事業者は「需要計画」と「電源調達計画」の限りない合致が求められ、そのための手段の１つとして卸電力取引市場を活用することになります。これが balancing です。もし限りない合致が達成し得なかった場合、事業者はインバランス料金（ペナルティ）を支払わねばなりません。そして、GC 後は需給調整の断面に移行し、そこは一般送配電事業者が「マエストロ」としての役割を十二分に発揮する舞台です。ここでは「限りない合致」では許されません。「完全なる合致」です。それを担保するための flexibility（系統運用の柔軟性

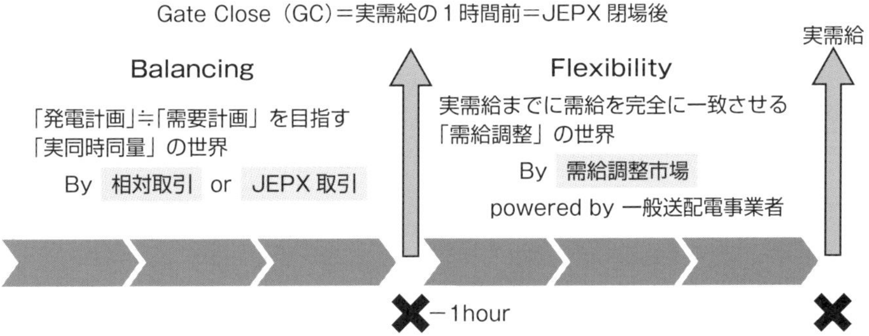

図 49　現在の balancing と flexibility

確保）であり、そのためのΔkWを調達する市場が需給調整市場ということです（図49）。

将来のBalancingとFlexibility

今後は、この2つの要素がどのように進化するのでしょうか。私はFIP制度がカギを握っていると考えます。再生可能エネルギー主力電源化を目指す中で、

インバランス料金

日本では30分同時同量が前提になっている需給調整ですが、発送電一貫体制の時代では「リアルタイムで一致させることこそプロフェッショナル」というのが空気感でした。逸脱すれば、最終的には安定供給が達成し得ないのですから当然と言えば当然です。一方で、分離（unbundle）後でも、GC後の最終的な需給調整は一般送配電事業者が担っています。したがって、仮にBGを構成する発電事業者や小売事業者が逸脱させても「インバランス料金を支払えば済む」と安易に解釈されているならば、残念な話です。やはりインバランス料金が逸脱を抑止する動機付けにならなければ意味がありません。特に需給ひっ迫時には、日本卸電力取引所スポット市場も高騰するはずです。仮に不足インバランス料金が、時のスポット価格よりも安値ならば、intentional imbalance（意図的な逸脱）の要因になる可能性すらあります。実際、そのようなモラルハザードも散見されました。これは発送電一貫体制時では想像もしなかった事例です。

欧米では、1,000円／kWh以上のインバランス料金も容認しており、それが逸脱の抑止力として寄与していますが、日本ではその領域まで至っていないのが実情です。今後、インバランス料金が名実共にインバランス「ペナルティ」になれば、安定供給も一層堅固なものになるはずです。加えて、発電事業者も小売事業者も、逸脱回避のために積極的にDR/VPPを活用する場面も増えるでしょうから、アグリゲーターの育成や発展に貢献し得る一石二鳥の施策と考えますが、いかがでしょう。

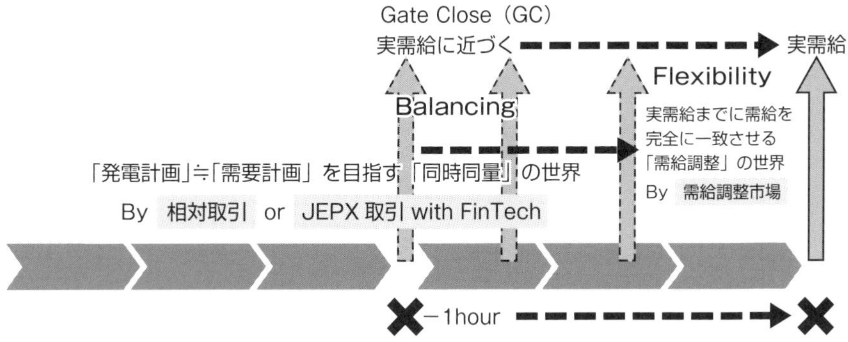

図 50　将来の balancing と flexibility

FIP 制度が機能すれば間違いなく系統運用上の再生可能エネルギー比率は増加します。その場合、**GC が実需給 1 時間前ではなく、仮に実需給に近づけば近づくほど、再生可能エネルギーの予測・実績の誤差は少なくなる**はずです。実際に、欧米では GC は実需給に近づきつつあり、ドイツでは実需給の 15 分前、あるいは 5 分前の取引も存在しています。

GC を 1 時間前から実需給に近づける効用は 3 つ挙げられます。第一が「再生可能エネルギー取引量が増える」。予測誤差リスクが軽減されるので、インバランスリスクも回避される可能性が高まり、市場への玉出しが加速されるでしょう。第二が「一般送配電事業者の負担が軽減される」。もっとも、これは断言できません。逆にこうした業務を受託するビジネスモデルも想定できるからです。その場合は、配電ライセンス制と連動して起きる可能性が高く、新たな事業機会と言えますが、これについては改めて解説します。第三が「**当日市場（日本では時間前市場、あるいはリアルタイム市場と呼びます）が活性化する**」。**これが最大の効用**です。当日市場が活性化することで、卸電力取引市場のダイナミズムが増し、多種多様な事業者の参入を促す可能性があるからです。例えば、高度な需要予測と再エネ発電予測が事業精度を高めるインセンティブとなるため、金融工学と電気事業を融合させたビジネスモデルが、予測誤差極小化のリスクヘッジとして一挙に進展するかもしれません（**図 50**）。

3 プラットフォームとしての DERMS

BG（Balancing Group）

再生可能エネルギー主力電源化には、GC 後の flexibility が欠かせません。これまでは一般送配電事業者（TSO）が一身に請け負ってきましたが、今後は配電ライセンス制の導入も鑑みると、地域的な BG を構成している事業者も、TSO と同様の柔軟性確保を担務することになるでしょう。具体的には、BG 内で balancing し得る flexibility 技術を有するアグリゲーターが、一般送配電事業者からその責務の一部を担い、地域限定的なネットワークの需給調整事業を遂行するのです。

ここで再確認します。BG は、発電量と需要量の誤差をゼロにすべく 30 分単位での計画値同時同量履行が義務付けられており、それを逸脱した場合は（というか、確実に余剰インバランスか不足インバランスは発生するのですが）インバランス料金の対象となります。欧州の BRP（Balancing Responsible Party）と同義です。したがって、30 分単位での Σ 需要 = Σ 供給を達成するための flexibility がインバランス回避の肝になります。そして、その役割を担うのがアグリゲーターです。つまり、BG であれ、BRP であれ、flexibility を担保し得る主体が必要であり、それを自前で行うか、第三者（アグリゲーター）に委ねるかの違いです。

地域的な BG の構成要素は様々なリソースが考えられます。家庭用太陽光・蓄電池に始まり、自然冷媒 CO_2 ヒートポンプ給湯機（いわゆるエコキュート）、省エネ高効率ガス燃焼型給湯器（いわゆるエコジョーズ）や電気自動車（EV）といった民生部門から、産業用需要家・業務用ビル・メガソーラーや風力発電といった中・大規模リソースに至るまで、DSR や DER は多種多様です。

ここで、改めて VPP について。VPP とは、DSR や電力系統に結節している DER、あるいは EV を含む蓄電池等を一括制御して、あたかも発電機のように機能させることです。つまり、BG の構成要素こそ VPP の構成要素であり、BG 内で flexibility を担保する者がアグリゲーターなのです。DR についても同様です。DR とは、繰り返しになりますが、多種多様な需要サイドのリソースが協力し合うことで、所与の値である供給力に合わせていくものです。もし、BG内に再エネ等の発電設備がない場合は、需要サイドのリソース（DSR）のみでバランシングさせる必要があり、それがDRであり、それを担う者がアグリゲーターということになります。

BGとBRP

日本では、BG（Balancing Group）、欧州ではBRP（Balancing Responsible Party）と表現される同時同量の概念ですが、若干のニュアンスの相違を感じます。それはresponsibleという言葉です。日本語の「責任」ですが、これは同時同量を達成する責任だと解釈すべきです。先にインバランス「料金」はインバランス「ペナルティ」だと触れましたが、料金と表現されればペナルティのニュアンスはあまり感じられません。BGとBRPも同様です。同時同量を達成すべきresponsibleがBGの言葉には内包されるべきと考えるのですが、そこが曖昧になっているのは少々残念です。もっともそこは無理からぬところもあります。当初のインバランス料金は、30分単位の実同時同量を前提に逸脱が３％以下であればお咎めなしだったのです。つまり、３％まではインバランスを許容して、その３％分を含めた最終的な「しわ取り」は一般送配電事業者に委ねていたため、responsibleという表現は避けたとも考えられます。

いずれにしても、今後は計画値同時同量に基づく完全一致で、逸脱したら即インバランス料金発生ですから、BGにも同時同量の責任は課されていると認識すべきです。

EV充電規格「CHAdeMO」

CHAdeMO（チャデモ）はEV急速充電方法の商標名です。「お茶でも（CHAdeMO）飲んでいる間に充電（CHArge）を」とのコンセプトで、当該規格の国際標準を目指し、日産自動車やトヨタ自動車、東京電力らが中心となって協議会を設立。2014年4月にはEV急速充電規格の国際標準として承認されました。EVとVPPの相乗効果は言うまでもなく、特にEV高速充電の成否が事業発展のカギを握ります。

こうした中で2018年8月に中国の中国電力企業聯合会との共同開発が発表されました。中国はEV市場最大の規模を誇り、その「第13次五カ年計画」では、2020年までに500万台のEV・PHVを普及させる目標を掲げています。当然ながら、そのアナウンス効果は有形無形のインパクトがあります。他国の規格も「中国がCHAdeMOと共同開発するならば」ということで、例えばインドがCHAdeMOへの切り替えを発表しました。日本発のCHAdeMOが急速充電の世界標準になるのか否かは、VPP事業の発展にも少なからず影響を与える可能性があります。

DERMSとは

それでは、ここでいうアグリゲーターに求められる資質は何でしょうか。それはDSRやDERを活用しての30分単位のΣ需要＝Σ供給を達成し得る技術とノウハウです。具体的には、図33にも記載してある「正確な再エネ発電予測」であり、「正確な需要予測」ということになります。この2要素が達成できて、初めて同時同量需給を管理し得る主体たるアグリゲーターと言えましょう。この技術とノウハウを運用するプラットフォームをDERMSと呼びます。Distributed Energy Resources Management Systemの略で、DSRやDERを管理しながらflexibilityを確保するプラットフォームです。DERMSを導入することで、特に送電網から一階層降ろした配電網における系統運用最適化が行いやすくなります。具体的には、配電系統設備の余分な増強を回避することも可能ですし、ネットワークが限定される分、事故時の復旧も迅速かつ正確になります。つまり、配電系統における30分単位のΣ需要＝Σ供給を達成するプラットフォームというのが、一般的なDERMSのコンセプトなのです。第3章で紹介した「エネルギー供給強靭化法」における配電ライセンス制の導入は、日本におけるDERMSを飛躍的に拡大させる可能性を秘めていると言えましょう。

欧州市場でDERMSを設計・運用する場合に譲り難いポイントがあります。それはデジタル化（Digitalization）、分散化（Distribution）、脱炭素化（De-carbonization）を前提としており、それに適合しないシステムは受け入れないという、頑なまでの厳格な方針です。「哲学」と言ってもよいかもしれません。

Green 志向の DERMS

例えば、当社（エナジープールジャパン）の DERMS は、各国で独立して管理運用しているのですが、バックアップ対策を含めてフランスで一元的にモニターできる仕組みになっています。それは各国の DERMS に繋がる DER や DSR の ΣΔkW（調整可能 kW の総和）を競い合う構図にもなっているのですが、当社の場合、日本がフランスに次いで、その ΣΔkW が大きくなっています。その要因は、DER の代表格である再生可能エネルギー由来ではなく、鉄鋼、化学、製紙工場等の需要家が所有する自家発電機が多いからです。そして、その大宗は石炭火力であり石油火力です。

実は、これを巡って当社内で議論が交わされました。DERMS に化石燃料由来の電源をスペックインするべきか否かです。筆者の言い分は、「**日本における需要家の自家発電機は、欧州のそれとは意味合いが異なる。日本は地震や台風といった自然災害多発国であり、系統電源を代替するためのレジリエンス対策として自家発は不可欠だ**。さらには、生産工程上必ず発生する、一酸化炭素等の副生物を混焼することで環境負荷を抑制するといった目的もある」と反論しました。勿論、「今後は超臨界圧以下の非効率石炭火力をフェードアウトする政策も進む可能性もあるから、その場合は需要家の自家発電も例外ではなく、よりグリーンな自家発電が求められる」とも言及しました。

それに対して、「石炭自家発のフェードアウトは歓迎するが、その代替が天然ガスでは意味がない。自家発を DERMS に結節する場合は、それは renewables のみに限定すべきだ」と。若干かみ合わない議論でした。断っておきますが、DERMS に 1 kW でも多く連結できれば課金対象は増える（儲かる）ことになります。それでも脱炭素が優越するのです。cash よりも green なのです。否、green だから将来的に cash が生まれるという逆転の発想なのかもしれません。先ほど「哲学」と申し上げた理由はここにあります。フランスで自家発電機代替の DR が DR として認定されないのも、彼らからすれば当然と言えば当然なのです。

もう 1 つの大事な要素であるデジタル化は明確です。IoT 化した EV、太陽光、蓄電池等のDERの系統側への逆潮流分をリアルタイムで把握し、並行して需要家側の需要をリアルタイムでモニタリングすることで地産地消分を管理します。そのうえで、余剰分を系統側に供給する一連の最適化技術はoptimizing technologyと言われ、DERMSの中核を成す部分です。

太陽光や風力の発電予測も非常に重要ですが、欧州市場を眺めると、この領域は既に「コモディティ化」している印象を抱きます。**地球上に張り巡らされた衛星と、膨大なビッグデータをもとに深層学習（deep learning）させた気象予測は、「緯度」と「経度」を入力するだけで、かなりの精度で照射量や風量の予測が可能になっている**からです。加えて、再生可能エネルギー発電予測で重要なのは、例えば太陽光の場合は「パネルの斜度」と「設置MW」です。こうしたパラメーターを入力するだけで、一定程度の誤差の範囲内で発電予測は実用化しています。コモディティ化しているということは、低廉な価格で当該サービスが購入できると同義です。欧州で再エネアグリゲーターであるダイレクトマーケッターが急増している理由はこうしたところにもあるのかもしれません。

サイバーセキュリティ

DRやVPPを駆使してflexibilityを確保し、そこで生まれるΔkW価値（調整力）を販売して利益を生み出す仕組み。そのプラットフォームがDERMSであることはご理解いただいたと思いますが、もう1つ重要なのは通信上のセキュリティ対策です。日本ではあまり報道されなかったのですが、2010年のイラン核燃料施設、さらに2015年から2016年にかけてウクライナで大規模なサイバー攻撃があり、関係者を震撼させました。当時のメディア報道によれば、「ウクライナ政府・企業のコンピューターの10％がウイルス感染し、空港から電力会社、携帯電話会社に至る社会基盤が打撃を受けた。」とあります。一般的に電力インフラ等へのサイバー攻撃は「ご法度」、「禁じ手」とされていましたが、今は予見不能の時代です。何でもありなのです。

したがって、DERMSのサイバー攻撃対策も厳重でなければなりません。特に、一般送配電事業者とシステム上繋がっているうえ、それがグローバルに跨っている場合はなおさらです。**日本のDERMSがサイバー攻撃を受けた結果、欧州の電力会社需給管理システムに波及し、某国原子力発電所が誤作動した、といった**

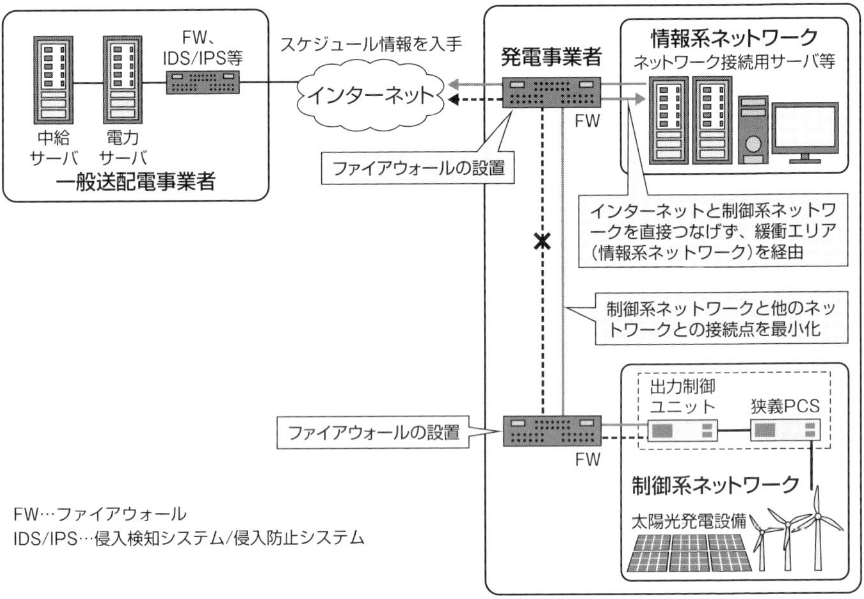

図 51　サイバー対策

出典：経済産業省資源エネルギー庁、「電力分野におけるサイバーセキュリティについて」（2020 年 6 月 11 日）

映画のような話は十分起こり得るのです（**図 51**）。

現在、経済産業省でも電力サイバーセキュリティ対策会議などを実施して対応を鋭意進めていますが、欧州の事例を見るまでもなく、マルウエア（malicious software の略で、ネットワーク上で繋がる関係者に損害を与えたり、悪用したりすることを目的とした悪意のあるソフトウェア）対策に上限はありません。ウイルス対策と同様で侵入の手口は増々巧妙化し、セキュリティ対策の上をいくマルウエアが常に生まれているのです。明確なのは、インフラ事業の一端を担う DR・VPP 事業者ならば、BCP（Business Continuity Plan）の一環としてでき得る限りのサイバー対策を講じ、頻繁にアップデートさせることです。

4 DR・VPP とビッグデータ・AI

データドリブン型経営

世界の電気事業を見渡して、既存の事業モデル（大規模電源を建設し、遍《あまね》く送配電網を構築し、電気を送り届けるモデル）が立ち往かなくなっているのは疑いのない現実です。重厚長大の電気事業は、①分散型電源の台頭、② DR や VPP に代表される省エネビジネス、さらには③地球温暖化対策への待ったなしのコミットメントを前に、大規模電源の中での優勝劣敗を余儀なくされています。正に大規模電源のトリアージが進む可能性は否定しません。電気事業にも軽薄短小の時代が来ているのかもしれません。日本の場合、それらに加えて人口減少問題は避けられません。人口動態と電力需要が正の相関関係にある業界に、改革は急務なのです。

一方で、電気は需要に対する価格弾力性の低い財です。代替が効き難い。一般的なコモディティとは異なる特性があります。つまり、電気はユニバーサルサービス財、広く遍く低廉な価格でお届けしなければならないがゆえに、その事業経営は従来の発想を超えた非連続なものが求められているわけです。

その１つが、スケールメリット型経営からデータドリブン型経営へのシフトです。具体的には、電気事業に人工知能（AI：Artificial Intelligence）やビッグデータを積極的に活用し、経営のストリームライン化（合理効率化）を目指す。ROA（総資産利益率）を高めるためのアセットマネジメントに取り組むべきなのです。第２章で、家庭用 DR と産業用 DR の違いをスケールメリットの視点で紹介しましたが、ここではデータドリブンの観点で DR・VPP を俯瞰し、AI やビッグデータの活用事例に触れたいと思います。

一般論として、家庭用 DR・VPP はスケールメリットを得難いとされています。ネットワークを構成する住宅や中小規模の商店等においては、DSR や DER の規模が小さく、その１つ１つを IoT 化してもコストパフォーマンスに見合わないというのが定説でした。ところが、ビッグデータや AI を活用することで flexibility management が可能になる事業環境が生まれつつあります。例えば、

EV のバッテリ充放電のモニタリングです。**第２章**でリヨンにおける実証を紹介しましたが、そこではショッピングセンターのような商用施設での EV 充電需要を予測し、EV 所有の来店者の iPhone に「○○のチャージャー（急速充電器）が空いたので、充電はいかがですか？」といったメッセージを送り負荷平準化を図っています。これも flexibility management です。つまり、様々なリソースを活用して flexibility（系統運用の柔軟性確保）を創出し、その ΔkW 価値をバランシング市場(日本では需給調整市場)で売買する事業モデルが可能になりつつあります。

暗黙知を形式知に

生産即消費の電気のパラダイムチェンジを可能にする蓄電池ですが、課題はあります。リチウムイオン電池の場合、時折メディアで報道されるのはスマホの発火問題。これは内蔵されているリチウムイオン電池の劣化状態と関係しています。電池の健全性を測る指標に、SOC（State of Charge）と SOH（States of Health）がありますが、前者は電池の残量を表す指標で、後者は電池の劣化状態を示す指標です。この２指標を的確に把握することが安全対策では不可欠なのですが、定置型蓄電池の場合はこれだけでは十分ではありません。

そこで、一定の経験を積んだ専門の保安員が、定置型蓄電池の電流や電圧を定点観測することで、不具合を事前に発見し、火災等のトラブルを防いできました。いわば最後はベテランの経験と勘による職人技に頼っていたわけですが、こうした**俗人的ノウハウも電池の数が増えれば、マンパワーとの兼ね合いで難しくなります**。そこで、蓄電池の様々なデータを IoT（Internet of Things）センサー経由で取得し、膨大なビッグデータを AI による深層学習機能(deep learning)をまわしてパターン化し、経験や勘に頼ることなく電池の健全性を把握し、それを制御する手法を開発しています。いわば、**職人固有のノウハウやコツによる「暗黙知」を、デジタル技術を駆使して「形式知」に変換する**のです。

ここで生まれた形式知は付加価値をも生み出しています。例えば、将来の需要予測。これはベテラン職人の暗黙知を以てしても難しいのですが、データドリブンではそのネットワーク内のΣ需要が、かなりの精度で予測できる結果、将来の設備更新計画の裏付けが取れるようになりました。何より、設備点検費用の削減効果は大きなインパクトです。対象設備が増えれば増えるほど最適化のハードルが高まるDR・VPPの場合、その扇の要であるアグリゲーターにとって、需要設備の保守メンテナンス費用の削減は死活問題なのです。

加えて、AI・ビッグデータにより蓄電池とDRの相乗効果が期待できます。例えば、バランシングマーケットの高速調整力は蓄電池で対応し、一定の時間稼ぎをした後に、中低速調整力ではDRにバトンタッチすることで双方のメリット・デメリット（蓄電池はコスト高ですが高速である一方、DRはコスト安ですが低速です）を補完し合えるからです。日本でも需給調整市場が2021年度の三次調整力②から順次開設されます。この調整力の市場規模は電力広域的運営推進機関の分析では年間200億ΔkWと予測されていますが、仮に約定価格が1円／ΔkWならば200億円市場が新たに誕生することを意味します。**異なるリソースでもAIやビッグデータ分析を活用してポートフォリオとして規模の経済が達成できれば、市場参入者は増える**はずで、さらなる市場活性化が期待されます。

DRテトリス

アセットマネジメントの視点では、DRポートフォリオにもAI、ビッグデータ活用は効果的です。DRポートフォリオとは、産業用大口需要家を数百件以上束ねることで、一般送配電事業者のDR発動要請に対応するスキームです。ポートフォリオは大きければ大きいほど効果的なのは、発電機を10基持つ事業者と1基しかない事業者では、その差が明確なことからも明らかです。縦軸に調整可能kW、横軸に調整可能時間をプロットすると様々な長方形ができますが、これを所与の長方形に束ねて管理運営することから、上から落ちてくるブロックを組み合わせて消すテトリスゲームに準えて、DRテトリスとも呼んでいます（**図52**）。

需要家の特性は業種によって様々で、その母数が増えれば増えるほど複雑化し、最適解を見出すのは難しくなります。一方で、DR発動要請は○時～○時まで○万kWと決められており、それにいかに当てはめるのかは人海戦術では限界があり、人的ミスも付き物でした。しかし、**AIを活用することで、作業効率が飛躍的に向上し、正確なDR発動も可能となり、結果的にDR事業の信頼性が向上、電源並みの評価が得られるようになりました**。それは第2章で述べた通り

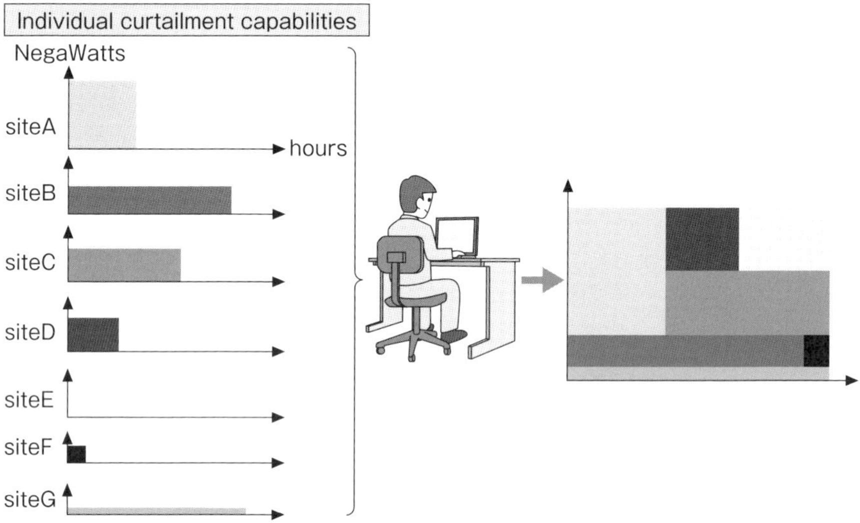

図 52　DR テトリス

です。

ポートフォリオ効果

DR ポートフォリオですが、目指すところは一般送配電事業者の発動要請に対して、確実かつ効率的にネガワットを創出し、電源並みの効果を発揮することです。ここで重要なのは「確実かつ効率的に」のコンセプトで、それを実現するための手法の１つとして、AI やビッグデータを活用した「ポートフォリオ効果」があります。具体例で紹介します。例えば、需要家規模 300 件、目標調整電力 35 万 kW、発動時間午後４～７時、発動成否の閾値を 80%としましょう（あくまでも事例であり、現実の発動実績に基づくものではないことを確認させてください）。300 件の需要家に協力いただいて 35 万 kW のネガワットを供出するのですから、１件当たり約 1,167kW になりますが、実際には様々なパターンのネガワットがあります。それは DR テトリスで説明した通りです。

ネガワット産出の根拠となるベースライン（BL）は、過去の生産ラインの稼働実績に基づいて算出され、今回の事例では 80%を成否の閾値として 300 の需要家１つ１つに当てはめられていきます。例えば、

需要家A：最大電力 5,000kW－ベースライン 1,500kW＝調整可能電力 3,500kW
需要家B：最大電力 3,000kW－ベースライン 2,500kW＝調整可能電力 500kW
需要家C：最大電力 10,000kW－ベースライン 5,500kW＝調整可能電力 4,500kW

この場合、午後4～7時まで、80％の確率で3需要家合計 8,500kW のネガワットが供出可能です。

一方、ポートフォリオ効果を活用する場合、例えば上記3需要家を1つの需要家と見なして考えます。

需要家群：最大電力 18,000kW－ベースライン 9,250kW＝調整可能電力 8,750kW

ポートフォリオ効果の場合、ベースラインが下がっていることが分かります。ベースライン算定には、high 4 of 5という考え方を使うのが一般的で、DR 発動日の直近5日間（DR 発動日当日を含まない）のうち、DR 発動時間帯の平均需要量の多い4日間の需要データがベースラインになります。ある工場では、月・火曜日にフル稼働する一方で、別の工場では木・金曜日がフル稼働となれば、仮に

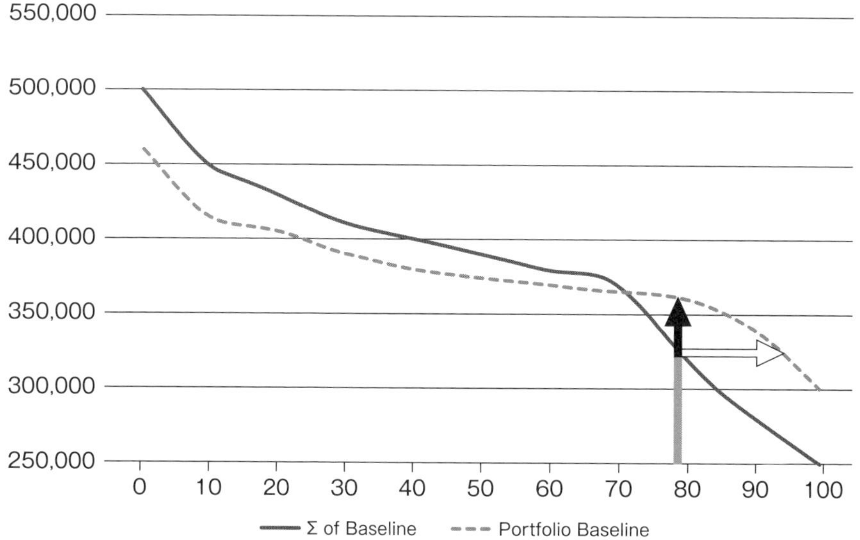

図 53　ビッグデータを活用したポートフォリオ効果

発動日が水曜日であれば、ネガワット供出可能量は目減りしてしまう。ポートフォリオ効果は、こうした事象を防ぐのに効果的です。**様々な事情を持つ生産ラインに普遍性を持たせたうえで、発動の確実性を担保し得るのがポートフォリオ効果の最大の特徴**です。

図53の場合、縦の黒矢印は調整可能電力の上積みを意味し、横の白矢印は確実性の向上を意味します。アグリゲーターの意思として、80%の確度とは言え、1kWでも多くネガワットを供出したいならば、リスクを取って黒矢印を選択し、同じ調整可能電力でも、より一層の確からしさを追求したいならば、白矢印を選択すればよいのです。逆に言うと、こうしたところにもアグリゲーターの「性格」を窺い知ることができます。

生産性の向上は国益

ビッグデータ、AIを活用する究極的な意味合いは何でしょうか。若干話がそれますが、GDP（国内総生産）とは「人口×生産性」と結論付けることができます。残念ながら日本は人口減少国家ですから、それを補完するためにも生産性を高めねばなりません。**ビッグデータやAIを活用し、DR・VPPの生産性を高めることは国益に結び付く**のです。特に再生可能エネルギーのkW価値が不安定な状況下では、それを補填し得るΔkW価値は高い品質とコストパフォーマンスが求められます。生産性の向上には「安く仕入れて、付加価値を付けて高く売る」ことです。特に需給調整市場では、DR・VPPの競合相手は火力等の電源であり、日本では第3章でも述べた通り電源が余剰状態ですから、有事以外には値が付かない厳しい事態も想定されます。したがって、いくらDR・VPPの仕入れ価格は電源に比べて競争力があるはず、と言っても安閑とはしていられません。AI等を活用して一層安く仕入れるか、あるいは付加価値を施して高めに売るか、上述の例で言えば白矢印を選ぶか、黒矢印かの判断はアグリゲーター次第ですが、希求すべきはビッグデータ、AIを活用した生産性の向上なのです。

5 送配分離とアグリゲーター

配電ライセンス制

エネルギー供給強靭化法については第３章でも触れましたが、そのポイントは「託送制度改革」、「アグリゲーターの創設」、「FIP 制度の導入」、「計量制度の柔軟化」、そして「配電ライセンス制の導入」です。配電ライセンス制とは、経済産業省資源エネルギー庁の資料では、「電気事業法を改正して配電事業を経済産業相の許可制とし、一般送配電事業者と同等の義務・規制をかける規定を設けること。当該制度により地域マイクログリッドを構築し、レジリエンス（強靱性）を高めるとともに、分散型リソースを介した P2P（ピア・ツー・ピア）取引の拡大などを狙う。」とあります。簡潔に言うと、沖縄電力を含めた旧 10 電力会社が所有する配電網を、自分たち以外の様々な事業者に譲渡又は貸与し、その事業者が自ら配電系統運用を行うことを国が許可することです。

送電と配電の境目

配電と対で語られる言葉は送電です。「送電と配電の境界線はどこか」と問われれば、業界に少なからず身を置いた人ならば、「配電用変電所以下を指すのでは」という不明瞭な回答をするかもしれません。それもそのはずなのです。電圧は、上部から特別高圧（直・交流共に 7,000V 超の電圧）、高圧（直流で 750V 超～ 7,000V 以下、交流で 600V 超～ 7,000V 以下の電圧）、低圧（直流で 750V 以下、交流で 600V 以下の電圧）と明確な区分がありますが、実は、**送電と配電は、その定義は定まっていません**。電気事業法にも記載がないのです。したがって、電力会社によって送電と配電の領域が異なります。例えば、東京電力ホールディングスでは、22kV 以下を配電としている一方で、別の電力会社では 6.6kV 以下としている事例もあるのです。

ネットワークの中立性

第２章でも触れたように、電力ネットワーク（系統部門）は自然独占性の色彩が強いため、中立性が求められます。ゆえに2020年4月からの発送電分離では、ネットワーク部門を電気事業者から分離して中立性を高め、それ以外の領域、発電部門や小売部門での事業者間競争を促す施策を採用したのでした。

電気工事では一次側・二次側という表現がありますが、一般的には一次側は分電盤から電源側の工事、二次側は屋内照明やコンセント取付等の内線工事を指します。したがって、二次側工事の場合は、需要家の屋内に上がって作業をさせていただくことになります。皆さんのご自宅が漏電などの理由で停電した場合（不点）、ご自身が契約されている電力会社（正確には電力小売会社）に「停電したから復旧して」と連絡をされると思います。そして、その電力小売会社がご自宅に伺って、中に上がり、作業を行って不点解消という段取りなのでしょうが、実際はそうではありません。不点対応に伺うのは小売会社ではなく、電力ネットワーク側なのです。その趣旨は、中立性を確保するためです。

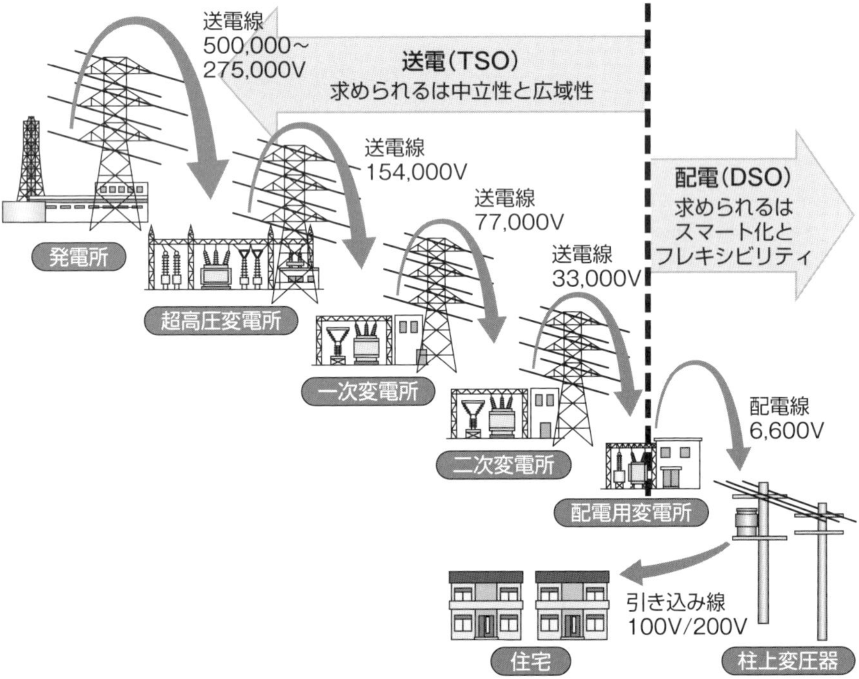

図 54　送電と配電

出典：中部電力(株)ホームページをもとに筆者作成

繰り返しますが、二次側工事は皆さんのご自宅に上がって作業を行いますので、クライアントとの接点が増え、その際に、多様なサービスの紹介や勧誘活動も可能でしょう。つまりビジネスチャンスです。

小売事業者数は650社以上を超えるレベルですが、事業規模も千差万別で、全てがこうした不点対応が可能なバックアップ態勢にはなっていません。そこで、中立的なネットワーク側、この事例では配電部隊の出番となるのです。

送電と配電の区別について筆者なりに総括すると、送電網に求められるのは、50Hz/60Hzの区別なく系統接続を希望する全ての事業者に対しての中立性と広域性です。**一方で、配電網については、様々な可能性を秘めていて、創意工夫の余地があるということでスマート化とフレキシビリティが求められる**のだと思います(**図54**)。結局のところ、その境目は…配電用変電所ではないかと思いますが、トートロジー（同義反復)的な答で申し訳ございません。

配電ライセンス制の真意

配電ライセンス制は、この中立的な領域に、ある意味では競争原理を導入するものです。二次側の概念は電力に限定するものではなく、通信分野でlast one mileの言葉があるように、ガスや水道、宅配業界にもあるでしょうし、こうした広義のインフラ事業を束ねて、相乗効果をつくり出しながら新たな付加価値サービスを提供する事業モデルの呼び水となるのが「配電ライセンス制」の本質だと思います。

第3章でTとDの分離の話をしました。TとはTransmission：送電網、DはDistribution：配電網であり、Dの場合も、Tと同様にそのネットワーク内でΣ需要とΣ供給をマッチングさせることが求められます。勿論、最終保障供給（誰からも電力供給を受けられない需要家に対する最終的な電力供給をいい、緊急避難的な措置です)およびユニバーサルサービス(遍く全ての国民に対する一定の料金水準での電力供給）の履行は一般送配電事業者にありますから、ラストリゾートとしてTSOにインバランスペナルティを支払ったうえで救ってもらうことが否とは言いませんが、望ましい姿ではありません。BRPとして、極力安定供給への責任を担うべきです。配電ライセンスの場合は、こうした需給調整機能を配電系統運用事業者（DSO：Distribution System Operator）が、一般送電事業者への業務委託も含めて担うことになります。

欧州では、いわゆる3D、分散化（De-Centralization）、脱炭素化（De-Carbonization）、そしてデジタル化（Digitalization）が日本以上に進捗しており、結果としてDSOの役割が重くなっています。その数は、欧州全体で約3,000とも言われ、**各々のDSOの下に、様々なDSRやDERが結節しているため、こうしたリソースの最適化や系統管理、そして重要なのは上位系統に該当するTSOとの協調体制が求められる**のです。

グリッドコード

このTSOとの協調体制を構築するために遵守すべきルールを「グリッドコード」と言います。国際エネルギー機関(IEA)は以下のように定義づけています。

「電力システムや電力市場に接続された資産等が順守しなければならない広範かつ一連のルールを網羅した包括的条件のことで、その目的は費用対効果と信頼性の高い電力システム運用を支援すること。」

グリッドコードは、一般的には、①接続コード、②運用コード、③計画コード、④市場コードに分類されていますが、ここでは「接続コード＝グリッドコード」として進めます。筆者の理解では、①電気という財が市場メカニズム導入により全面自由化され、再生可能エネルギーに代表される様々な分散電源等が接続されれば、②それを分配するメカニズムである送配電網は中立的でなければならず、③そのネットワークに接続するためのルールは公平かつ民主的でなければならないという思いが詰まっているのがグリッドコードです。

グリッドコードが担保すべきは、電力品質の維持に尽きます。品質とは、需給バランスの維持であり、電圧維持であり、周波数維持です。したがって、DSRやDERが多数接続される場合、その品質維持の責任は一義的にはDSOにあり、彼らが品質維持の責任を果たすために発電設備等が遵守すべきルールがグリッドコードなのです。勿論、再生可能エネルギーの導入率が上昇し、導入量拡大に伴う電力システムへの期待値に変化が認められる場合は、継続的な見直しが行われるべきです。日本のグリッドコードに該当するものは、「電気品質確保に係る系統連系技術要件ガイドライン」、「系統連系規程」、「系統連系技術要件（託送供給等約款別冊）」、そして「系統アクセスルール」の4つに大別されます(**図55**)。

①電気品質確保に係る系統連系技術要件ガイドライン

系統連系を可能とする必要な要件のうち、電圧、周波数等の電力品質を確保していくための事項及び連絡体制等について考え方を整理したもの。資源エネルギー庁電力・ガス事業部作成。

②系統連系規程

連系検討に携わる実務者向けに電気設備の技術基準の解釈及び上記①の内容を具体的に示したもの。
日本電気協会作成。

③系統連系技術要件（託送供給等約款別冊）

上記①・②に基づき、接続／振替供給契約および発電量調整供給契約の要件として、電力各社の系統との連系にあたり必要な技術要件を定めたもの。託送供給等約款の別冊として一般送配電事業者が作成。

④系統アクセスルール

発電設備または需要設備を電力系統に連系する際の基本的な事項を定め、これに係わる業務を適性かつ円滑に行うことを目的とするもの。上記③に準ずる規程として一般送配電事業者が作成。

図 55　日本のグリッドコード
出典：経済産業省資源エネルギー庁、「グリッドコードの整備について」（2018 年 12 月 13 日）

さて、ここまでを整理します。

「配電ライセンス制とは、中立的である配電網に競争原理を導入することと同義であり、一方で、上位系統である送電網とはグリッドコードのような遵守すべきルールをベースとして密接な協調関係が求められる」

囲い込みとクリームスキミング

先ほど、配電網の定義は明確ではないと書きましたが、その場合、とある配電事業者が電圧に関係なく幅広く「囲い込んだ」場合、どのようなことが起こるのでしょうか。2020 年 1 月、日本を代表する大手自動車会社が発表した構想が大きなヒントになります。それは数千人が居住する地理的空間を囲い込んで、その日常生活において、CASE（自動車業界の buzzword で、Connected（コネクテッド）、Autonomous（自動運転）、Shared（シェアリング）、Electric（電動化）を指します）、MaaS（Mobility as a Service）、パーソナルモビリティ、先端ロボット技術、スマートホーム、AI などを導入・検証するというものです。いわゆる地域マイクログリッド・スマートシティの拡大版ともいうべきものですが、この囲い込んだエリアでΣ需要＝Σ供給（文字通り、地産地消です）が達成できれば、配電ライセンス制度の適用対象になる可能性は秘めています。この囲い込みプロセスにお

無効電力の重要性

電力会社社員として忘れられないのが東日本大震災による福島第一事故ですが、もう1つ挙げるならば、それは1987年7月23日の首都圏大停電です。首都圏6都県の280万戸にわたる大規模停電で、最長で3時間半、国会議事堂も停電し予算委員会が開催できない事態に至りました。当時は新入社員で、唯々、右往左往していた記憶が鮮明に残っています。その原因は地絡事故でもなく、地震や津波や台風でもなく、急速な電力需要の伸びに伴う無効電力の急増とその抑制不足でした。

無効電力とは負荷と電源を往復する消費されない電力です。交流の世界では、有効電力と無効電力、そしてそれを融合した皮相電力があります。正確には「皮相電力の二乗＝有効電力の二乗＋無効電力の二乗」です。実際に電気を消費する有効電力との対比において無効電力と呼ばれたのでしょうが、これは無効では決してありません。英語では reactive power。「反応性電力」あるいは「受動電力」という意味ですから、こちらの方が理解しやすいと思います。無効電力を制御することで、供給電圧を維持できます。つまり、電圧上昇を相殺し得る無効電力を送り込むことが重要であり、逆に無効電力が増加し過ぎると電圧降下が発生し電圧崩壊（系統全体で電圧を維持できない状態）に至るのです。バブル景気の始まった1987年の大停電は、無効電力の急上昇を制御できなかったことが原因でした。

あえてここで取り上げたのは、配電ライセンス制の下、太陽光が大量導入されると配電網の電圧上昇が課題になる可能性が高いからです。その際は無効電力の適切な制御が重要なポイントになり、1987年の事例を見るまでもなく電圧降下を防ぐ手立てでもあるのです。現行のスマートメーターは無効電力計測に対応していないため、こうしたテーマと合わせて今後の詳細制度設計を行うべきと考えます。

いて、競争原理が働くのは想像に難くありません。大手電力会社、自動車メーカー、通信会社、ディベロッパー、住宅メーカーを含めて、様々な業種の合従連衡が考えられるのです。

中立性・行為規制を旨とする一般送配電事業者からすれば、こうした地域マイクログリッドが「中抜き」されると、その部分から託送料金収入が入らなくなります。いわゆるクリームスキミング問題（需要密度が高い配電事業エリアの切り出しによる他地域需要家の実質的な負担増加をいいます）ですが、これは防止する観点で制度設計が進んでいるものの、一般送配電事業者からすれば気になる部分です。

❯2003年北米大停電の原因

配電ライセンス制において、どのような義務や規制を課すのかは現在審議中ですが、最低限のものとして、例えば、①一義的な託送供給義務・電力量調整供給義務、②一義的な電圧・周波数維持義務が想定されます。一義的という「枕詞」の意味合いは先に述べた通りです。実は、この義務が不履行だったが故の大惨事が、2003年に北米で発生した大停電です。カナダのオンタリオ州、米国のミシガン州、オハイオ州、ペンシルベニア州、ニューヨーク州、ニュージャージー州、コネチカット州、ニューハンプシャー州を跨いだ広域停電であり、約5,000万人に被害や影響が出ました。翌年、筆者も現地ヒアリングに出向いたので、その当時の記憶を辿るべくメモを読み返しましたが、事業者（米国のファースト・エナジー社）や様々な被害者の生々しいコメントが残っていました。総括して言うと「○○の責任でこうなった。私のせいではない」、「こんなはずではなかった」ということです。これだけの広域停電ですので原因を特定するのは難しいですが、当局は1つの要因として、新規参入事業者の系統運用への理解不足や、不適切かつ不慣れな系統監視体制を指摘しました。したがって、囲い込んだネットワーク内の安定供給や需要家利益を確保する主体としての適格性を事前に審査することが必要ですし、それゆえの経済産業大臣による許可制は健全な姿だと思います。

DR・VPPアグリゲーターは、自身が構築するloop内のΣ需要とΣ供給をマッチングさせる業務がレゾンデートル（存在意義）であり、そのためにoptimizing technologyに磨きをかけてきました（図33参照）。特に再生可能エネルギーが

loop内に多数存在する場合は、その正確な発電予測は欠かせませんし、需要家のクラスターごとの需要予測は必須パラメーターになります。配電ライセンス制は、アグリゲーターにとっては大きな事業機会であり、その真価が問われる局面でもあるのです。

6 これからは温故知新の総力戦

価格弾力性

ある変数の変化率に対して、もう1つの変数の変化率を対比する考え方を「弾力性」と言いますが、「需要に対する価格弾力性」とは、その商品価格の変化率に対し、その商品の需要量がどれくらい変化するかの比率を指したものです。一般論として、競合他社の数が多かったり、類似商品が市場に多く出回っている場合、価格弾力性は高くなります。電気の場合、仮に電気代が高騰し、結果としてA社からB社に切り替えるとしても、相対的な市場価格には大きな変動がないことから需要の大幅な減少は見られません。つまり、電気は価格弾力性が低い財であり、それは公共財の特性です。加えて、もう1つ重要な点が、電気は貯められないため、生産即消費が前提になるということです。この弱点を補うために大型蓄電池たる揚水水力や、リチウムイオン電池を活用するのですが、費用対効果や日本人の電力品質に対する高い期待値を鑑みると、本質的な部分は大きくは変わりません。

ところが、**DRはビッグデータやAIを活用することで意図的に価格弾力性を高めることを可能にする技術**とも言えます。第3章でダイナミックプライシングに触れましたが、それは電力価格にインセンティブを与え、需要を誘導(シフト)することで利益を極大化するからです。つまり、**公共財である電気に選択の幅を与える、換言すると弾力性を与える機能をDRが担う**と言えそうです。これが1つ目のポイントです。

1アンペア・ブレーカー

価格弾力性の低い生産即消費の公共財ということは何を示唆するのでしょう

か。興味深い事例として「1アンペア・ブレーカー」を紹介します。電力会社の新入社員として34年前にその存在を知ったのですが、今でも重要な役割を果たしています。電力会社ごとに若干の違いこそあれ、各需要家の電気料金の検針が行われると、支払期限は検針日から30日以内なのが一般的です。多くの需要家は口座振替等で決められた期日に自動的に決済されますが、そうでない方もいらっしゃいます。その場合でも、30日期限を過ぎるとすぐに債権回収に走るのではなく、支払い督促状を送ります。これも電力会社次第ですが、さらに20日以内の猶予期間が設けられるはずです。それでも残念ながらご決済いただけない場合は、送電停止という状況に至ります。

停止された需要家は、昼間はともかく、夜間に電気が使えない状況では死活問題です。そこで、ロウソクを灯したり、あるいは懐中電灯で凌いだりするのですが、一番悩ましいのは、そのロウソクによる火災です。送電停止後のロウソク使用による火災の事例は、実は後を絶ちません。そこで、**最低限の明かりを確保できる1A（アンペア）・ブレーカーが導入されました**。今はスマートメーターの時代ですが、当然1A設定機能は組み込まれています。生活に不可欠な財であるがゆえの窮余の策で、1A分＝100Wのみの電力を供給するブレーカーのことです。例えば100Wの白熱電球1個なら点灯するので、最低限の明かりは灯すことが可能ですが、利用上限も合計100Wまでですから、同時に複数の家電利用は不可能です。いずれにしても、この緊急避難的な措置は、電気が公共財であることの証左だと思います。

ギャンブラーはいらない

先ほどのお題**「価格弾力性の低い生産即消費の公共財が何を示唆するか」についての筆者の考えは、電気代は高くては社会的に許容されない**ということです。生活に不可欠な公共財が高ければ、結果として社会コストが嵩み国民全体が不幸になるのです。第1章でFIT制度の成り立ちを紹介しました。その時、実は残念なメッセージを市場に送ってしまったと感じています。それは、「日本の再エネ市場は儲かる可能性が高い」というものです。

確かに10年から20年間、40円台の値段で買い取ってくれるFIT市場は世界を見渡しても、どこにもありませんでした。幸いなことに制度見直しも予想以上に早く、2022年度からFIPが導入されるのがその証ではありますが、2012年以降、国内外から多種多様の事業者が再エネ市場という電気事業に雪崩を打って参入したのは紛れもない事実でした。残念ながら事業者の質は玉石混交で、結果として市場は乱れ、今でもその影響は残っているというのが率直な印象です。公共財で一儲けしたいというのは本質的に間違っており、その文脈では電気事業にギャンブラーはいりません。

先ほどのお題に戻ります。生産即消費とは、本書でも主要テーマである同時同量のことです。同時同量のノウハウや技術こそ需給調整の肝であり、電力会社のコアコンピタンスでした。しかし、今後は、DSRやDERの時代が到来し、プロシューマーが拡がり、さらには配電ライセンス制が導入されれば、電力会社系統運用部門だけに頼っていては立ち往かなくなります。斯様な分散型リソースが点在するネットワークを囲い込んだ様々なBGが入り組む中で、全体最適を効率的に担う様々な主体が必要です。それは、換言すると需給調整機能を管理運営できる、flexibilityを確保できるアグリゲーターだと思います。しかも公共財の本質を理解するアグリゲーターが望ましい。これが2つ目のポイントになります。

スポット市場と時間前市場

ここまで、容量市場や需給調整市場、加えて託送制度や配電ライセンス制まで、幅広に展開してきましたが、最後に「市場」について考えたいと思います。図49と50で卸電力取引市場に触れました。具体的には「スポット市場」、「時間前市場」、「先渡市場」、「非化石価値取引市場」、「ベースロード取引市場」等とありますが、ここでは、スポット市場と時間前市場を取り上げたいと思います。スポット市場は前日市場、あるいは1日前市場ともいわれ、全ての取引を前日に終了させるもので、日本では午前10時に閉まります。欧州におけるday-ahead marketと同じものです。一般的にメディアが卸電力取引市場の価格と言った場合は、このスポット価格です。一方、時間前市場は、1時間前市場あるいは当日市場とも呼ばれ、欧州のintra-day marketと同じものです。

経済（小売）DR

今後の日本における市場取引で期待されるのは、この時間前市場です。再生可能エネルギーが増えるということは予見性が立たない電源が増えることであり、その場合、実需断面に近い時間前市場は、スポット市場よりも期待値が高くなり、高値で推移するのが一般的です。加えて、例えば発電所の計画外停止により、電源が当日に脱落するような不測の需給インバランスに対応するための調達市場という側面も価格を押し上げている要因です。その先の1時間前（GC）から実需断面が需給調整市場の領域であることは既に解説しました。つまり、24時間前から1時間前までの間で極力インバランスを回避できれば需給調整市場の負担は減り、同時同量を期待されるBGにとっては心強いはずです。さらに限界費用が限りなくゼロであるDRを、発電代替手段として活用できれば「高い時間前市場から調達するしかない」といった事態も回避できるのです。こうした裁定取引を「経済DR」、あるいは小売事業者が活用するDRであることから「小売DR」と呼んで稀頻度リスク対応のDRと区別しています。

再生可能エネルギーが系統に溢れる市場環境もあって、欧州ではアグリゲーターが活躍する市場はintra-day marketに移行しています。加えて、欧州の一部の国、例えばドイツでは、GCが徐々に実需に接近しているので、時間前市場の領域が拡大し、アグリゲーターがカバーする範囲も広範にわたってきました。日本の市場においても、同じような市場環境が整う日がくるのもそう遠くはないか

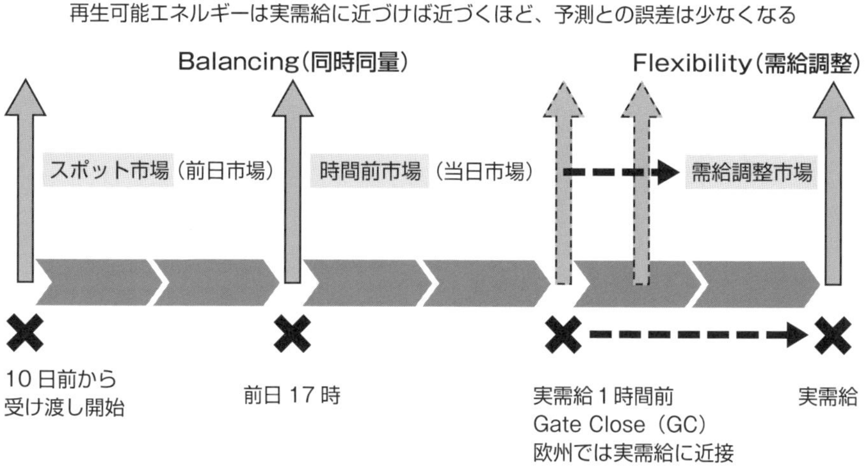

図56　実需給までの時系列

もしれません。ちなみに、現在は需給調整市場と命名されているわけですが、例えばGCが15分前になればリアルタイム市場と呼んでも差し支えなくなります。正に、生産即消費が市場を活用して履行できる時代が目の前にきているというのが実感です(図56)。

配電ライセンスとアグリゲーター

配電ライセンス制については、配電事業者（DSO）が一義的に需給バランスの維持や周波数維持義務を負っています。それは一般送電事業者（TSO）と同じ役割を求められているわけで、それが実現し得ないDSOはTSOへの委託が原則になるのでしょう（図57)。実は、欧州のDSOはそこまでの義務を課されていません。例えば、フランスではDSOの数は100社以上ありますが、最終的な需給バランスや周波数維持義務はTSOであるRTEの専権事項です。この日仏の

インバランス料金と卸電力取引市場

インバランス料金の箇所で、名実共にインバランス「ペナルティ」になれば、それは合理的な経済裁定でもあると書きましたが、これは卸電力取引市場と連動する話です。電源を持たない小売事業者は、卸電力取引市場を通じて電源を調達します。具体的には、月単位の先物市場で一定数確保し、実需給断面に近づくにつれ、前日市場であるスポット市場で補正調達し、それでも賄いきれない分は時間前市場で埋め合わせ、１時間前のGCを迎え、仮に同時同量が達成できなかった場合はインバランス料金を支払う。つまり、この先物取引市場→スポット市場→時間前市場→インバランス料金の流れは時系列で１本に繋がっているのです。仮にインバランス料金が時間前市場価格よりも安ければ、無理して調達せずにインバランス料金を支払い精算するという行為が(安定供給マインドを蔑ろにしつつも)経済合理性を持ってしまいます。安定供給を維持するには、先物からインバランスまでの一連のシーケンスにおいて順に値が上がり、インバランス料金が最高値であるよう連動することが望ましいのです。

Ⅰ．安定供給維持に係る業務
計画値同時同量ルールと需給運用・周波数維持における配電事業の役割

- 配電事業者が参入した場合、その配電事業エリアにおける一義的な電力量調整供給義務及び周波数維持義務は配電事業者にある。
- 他方、現時点の系統構成を前提とすれば、その配電事業エリアと、その周辺の一般送配電事業エリアとの間をつなぐ連系点には容量制約がないと考えられ、また、一般送配電事業者は配電事業エリアも含めた調整力を確保していると考えられる。このような場合には、一般送配電事業者が、配電事業エリアも含めて一体として電力量調整供給を行うこととしても、安定供給の観点から問題は生じないと考えられる。
- このため、配電事業者は、電力量調整供給及び周波数維持について、制度開始当初においては、①一般送配電事業者に委託することができ、また、②一般送配電事業者は、配電事業エリアを含めて一体とした需給調整を行うことができることとしてはどうか。さらに、③一般送配電事業者は、正当な理由がない限り、この協議に応じなければならないこととしてはどうか。

図 57　配電事業の役割

出典：経済産業省資源エネルギー庁、第６回総合資源エネルギー調査会 基本政策分科会 持続可能な電力システム構築小委員会「電力システムの分散化と電源投資」（2020 年９月９日）

違いは双方の市場環境に起因するところです。フランスの TSO は１社であり周波数も 50Hz で統一されている一方、日本は東西で 50Hz/60Hz と分かれており、一般送配電事業者が 10 社あるからです。

では、日本の配電ライセンス制の下では、どのような事業形態が考えられるでしょうか。例えば、DSO の機能を一部でも TSO から受託するモデルはありだと思います。限られたネットワーク上で GF（一次調整力）機能は受託者が担って、LFC（二次調整力）以降は TSO に委ねるような事業モデルです。勿論、それはアグリゲーターがライセンシーのような立ち位置を担うわけです。**アグリゲーターの技術的スペックが高ければ高いほど、TSO に支払うライセンスフィー（現在の経産省審議会の整理では「貸与価格」と表現しています）は安く済む**はずです。高い技術と運用力を持つアグリゲーターは、公共財の社会コストを低減することが可能なのです。

レジリエンス強化とアグリゲーター

同時に忘れてはならないのが、配電ライセンス制がもたらすレジリエンス強化の効用です。何度か書きましたが、日本ほど自然災害が多発する国は珍しい、と

表7　近年の自然災害

事　　象	停電件数
2011年3月　東日本大震災	約870万軒
2016年4月　熊本地震	約48万軒
2018年9月　台風21号（近畿地方）	約240万軒
2018年9月　台風24号（中部・近畿・関東地方）	約180万軒
2018年9月　北海道胆振東部地震	約295万軒
2019年9月　台風15号（関東地方）	約93万軒
2020年9月　台風10号（九州地方）	約60万軒

いうのが欧州人の見解です。事実、この10年で激甚災害がなかった年を数えるのが難しいほどです(**表7**)。

事例をご紹介します。「電気設備に関する技術基準を定める省令」では、送電鉄塔の耐性基準は風速40mとなっていますが、2019年9月の関東地方を襲った台風15号では57.5m。2020年9月に九州地方を中心に襲来した台風10号では59.4mでした。つまり、技術基準を大幅に超える風速が常態化しつつあるのが現実なのです。一方で、**技術基準を厳しくすれば追加投資額は嵩み、最終的には社会コストを高める**ことになります。そこで、配電ライセンス制によりオフグリッド運用（配電事業者が災害時に一般送配電事業エリアとの連系を切り離して、配電事業エリア内の需要家に対して電力供給サービスを実施することを指します）を可能にし、さらには冗長性を持った設備構築により、供給安定性の向上を制度的に担保しました。背景には、さらなるプレミアムを払って停電対応を行うことを可能としたいという当局の思いがあります。我々電気事業者の安定供給マインドとは裏腹に自然災害が年々厳しくなる中で、電気の明かりは常に灯していかねばなりません。そのためにも**アグリゲーターがレジリエンス強化の一翼を担え得る配電ライセンス制は、その多層的な役割を社会に示す絶好の機会**と言えましょう。

総力戦の時代へ

本節では温故知新というタイトルを掲げました。140年前から近年までの電気事業のうねりを表現すると、端的に申し上げて「直流⇒交流」「分散⇒大規模」です。しかし、現在はどうかというと、再生可能エネルギーの代表格の太陽光は直流発電で分散電源なのです。エジソンは送電範囲が限定される直流にこだわりました。なぜならば電流零点をつくることが難しいと考え、自ら考案した白熱電球を直流システムで売る道を選ばざるを得なかったからです。しかし、今は再び直流・分散型が主流になる時代が140年を経て訪れ、それは再生可能エネルギー主力電源化の時代なのです。そこにDRやVPPは大きくコミットし、その主体たるアグリゲーターの役割は重要になるでしょう。

勿論、従前同様、大規模交流電源は極めて重要です。既に述べましたが、エネルギー三原則は「エネルギー安全保障」、「環境適合性」、そして「経済合理性の追求」と、この三大構成要素の大前提となる「安全性の担保」。**1億2,500万人が3E＋Sの交点（Intersection）を希求するには、変動電源だけでは当然ながら不可能であり、安定電源としての大規模電源は今後も欠かせません。これからは直流も交流も、大規模電源も分散電源も、そして供給側も需要側も双方向で、総力戦でエネルギー三原則「3E＋S」を遂行する義務がある**のです。

参考文献

（1）経済産業省資源エネルギー庁ホームページ，平成30年度エネルギーに関する年次報告(エネルギー白書2019)
https://www.enecho.meti.go.jp/about/whitepaper/2019html/2-2-3.html
（2）経済産業省資源エネルギー庁，2030年エネルギーミックス実現へ向けた対応について，平成30年3月26日
https://www.enecho.meti.go.jp/committee/council/basic_policy_subcommittee/025/pdf/025_008.pdf
（3）電気新聞，ドイツ石炭・褐炭火力38年全廃で合意，2019年2月4日
（4）経済産業省資源エネルギー庁，非効率石炭のフェードアウト及び再エネの主力電源化に向けた送電線利用ルールの見直しの検討について，2020年7月13日
https://www.meti.go.jp/shingikai/enecho/denryoku_gas/denryoku_gas/pdf/026_03_00.pdf

（5）経済産業省資源エネルギー庁，再生可能エネルギー大量導入・次世代電力ネットワーク小委員会，「再エネ型経済社会」の創造に向けて，令和2年7月22日
https://www.meti.go.jp/shingikai/enecho/denryoku_gas/saisei_kano/pdf/018_02_00.pdf
（6）ドイツ連邦経済エネルギー省，FEDERAL MINISTRY FOR ECONOMIC AFFAIRS AND ENERGY, What exactly is “direct marketing”？
https://www.bmwi-energiewende.de/EWD/Redaktion/EN/Newsletter/2017/16/Meldung/direkt-account.html
（7）CHAdeMO協議会ホームページ
https://www.chademo.com/ja/
（8）サイバー戦争，迫る危機 ウクライナでインフラ打撃，日本経済新聞，2017年9月24日
https://r.nikkei.com/article/DGXLASDZ13HNS_T10C17A9MM8000?unlock=1
（9）経済産業省資源エネルギー庁，電力分野におけるサイバーセキュリティについて，2020年6月11日
https://www.meti.go.jp/shingikai/enecho/denryoku_gas/denryoku_gas/pdf/025_05_00.pdf
（10）内閣官房日本経済再生総合事務局，第30回未来投資会議基礎資料，令和元年9月19日
https://www.kantei.go.jp/jp/singi/keizaisaisei/miraitoshikaigi/dai30
（11）経済産業省資源エネルギー庁，グリッドコードの整備について，第19回 総合資源エネルギー調査会 省エネルギー・新エネルギー分科会 新エネルギー小委員会 系統ワーキンググループ，2018年12月13日
https://www.meti.go.jp/shingikai/enecho/shoene_shinene/shin_energy/keito_wg/pdf/019_05_00.pdf
（12）IEA, Introduction to System Integration of Renewables, 2020年3月
https://www.iea.org/reports/introduction-to-system-integration-of-renewables
（13）電力中央研究所，北米大停電とわが国への示唆，2004年6月
https://criepi.denken.or.jp/koko/powerline/data/final.pdf
（14）経済産業省ホームページ，「強靱かつ持続可能な電気供給体制の確立を図るための電気事業法等の一部を改正する法律案」が閣議決定されました，2020年2月25日
https://www.meti.go.jp/press/2019/02/20200225001/20200225001.html
（15）経済産業省資源エネルギー庁，電力システムの分散化と電源投資，第6回総合資源エネルギー調査会 基本政策分科会 持続可能な電力システム構築小委員会，2020年9月9日
https://www.enecho.meti.go.jp/committee/council/basic_policy_subcommittee/system_kouchiku/006/006_05.pdf

あとがき

20年以上前でしょうか。「仕事って何？」と小学校に入ったばかりの娘に聞かれたことがあります。色々考えて「関わった人にありがとう、って喜んでもらえるように汗をかくこと、それでご飯をいただくことだよ」と回答した記憶があるのですが、電力事業は当たり前に電気を送り届けることが使命ですから、なかなか「ありがとう」と言われる場面には遭遇しませんでした。ところが、2011年に東日本大震災が発生し、その後も日本では激甚災害が頻発しています。電気という財のありがたみを再確認する場面も、皮肉な結果ではありますが、多くなったと実感します。

電力業界に身を置いて早いもので30年以上が経過しました。しかし、その本質を知るには程遠く、未だに試行錯誤、右顧左眄しています。つくづく奥の深い領域です。今回、オーム社の原正美さんのお声掛けによりこうした機会をいただき、改めて電力に対する思いのようなものを綴りました。執筆に際しては、経済産業省の藤岡亮介さん、東京電力ホールディングス(株)の青野泰郎さん、東京電力パワーグリッド(株)の大野照男さんから有意義なご助言をいただきました。心より御礼申し上げます。

浅学菲才の小職がおこがましいのですが、やはり電力は安定供給あっての電力です。そのために日夜汗をかいている日本中の同胞に心からのエールを送りつつ筆を置きます。

2021年1月

市　村　　健

ポイント用語集

Aggregator(アグリゲーター)

DSR や DER を束ね（aggregate）、IT や IoT 技術を駆使して効率的に集約することで DR や VPP を実践する事業体のこと。

Balancing Market

需給調整市場。日本では実需給断面の 1 時間前に卸電力取引市場閉場（Gate Close：GC）となるため、その後の需給バランスは、一般送配電事業者がこの需給調整市場を介して調整力を調達する。

BRP(Balancing Responsible Party)

欧州市場で使用される言葉で、GC 前までの需要量と供給量を一致させる責務を負う主体のこと。日本の BG(Balancing Group)と同概念。

DER(Distributed Energy Resources：分散型エネルギーリソース)

DSR に加えて、系統側に直接接続される太陽光や風力といった発電設備、蓄電設備を指す。DSR・DER を活用するコンセプトが DR であり VPP である。

DERMS(Distributed Energy Resources Management System)

「ダームス」と読む。DSR や DER を管理しながら flexibility を確保するプラットフォームシステム。

Direct Marketer(ダイレクトマーケッター)

再生可能エネルギー（太陽光、風力、水力、地熱、バイオマス等）発電事業者が卸電力取引市場を介することなく、相対取引で直接需要家に販売するスキームが direct marketing であり、その仲介者がダイレクトマーケッター。再生可能エネルギーのアグリゲーターと考えると理解しやすい。

DR(Demand Response：デマンドレスポンス)

電気は需要と供給を完全一致させることで、その電力ネットワーク運用を安定化（需給バランスを達成）させるが、発電側（供給サイド）で合わせるのではなく、消費側（需要サイド）で需給バランスを達成すること。日本語では「需要応答」という。

DSM(Demand Side Management)

電力会社が保持していた需給調整契約に近い概念で、一定のインセンティブを基に、負荷平準化を誘導する政策。狭義では小売全面自由化以前に言われた概念で、現在は DR・VPP も含めて DSM と表現することが多い。

DSO(Distribution System Operator)

配電系統運用事業者

DSR(Demand Side Resource：需要側エネルギーリソース)

需要家の受電点（電力供給上の財産分界点のこと）以下に接続されているエネルギーリソース（自家発電機のような発電設備、家庭用蓄電池のような蓄電設備、工場の生産ライン等の需要設備）の総称。

Duration Curve(デュレーションカーブ)

横軸に年間総時間数 8,760 時間、縦軸に電力設備容量（kW）をプロットして描くカーブ。

EDC(Economic Dispatch Control：経済的負荷配分)

十数分先の需要予測の変動に対し、発電所のメリットオーダーを考えながら発電機への出力配分指令を行う機能。

ERAB(Energy Resource Aggregation Businesses)

「イーラブ」と読む。再生可能エネルギー、省エネ、電力システム、情報通信等の様々な課題を整理・総合的に議論するためのプラットホーム。経済産業省資源エネルギー庁内に事務局がある。

FIP(Feed-in Premium)

「フィップ」と読む。FITの場合、発電した再生可能エネルギーを固定価格で一定期間買い取ることを義務付けたが、FIPは、卸電力取引市場価格に連動した参照価格に一定の補助額（プレミアム）を上乗せして市場取引を行う制度。

FIT(Feed-in Tariff：固定価格買取制度)

「フィット」と読む。再生可能エネルギー由来の電気を、一定の期間・価格で旧一般電気事業者が買い取ることを義務付ける制度。

Flexibility Management

電力系統運用の柔軟性の確保をいう。瞬時に変動する電力の需要に対して flexibility を確保する電源として、これまでは機動力の高い石油火力や揚水発電を活用することで達成してきたが、今後はアグリゲーターが、IoT や AI を駆使して DSR を活用する需要サイドの flexibility management も期待される。

GF(Governor Free：ガバナーフリー)

「ガバナー」とは回転機の調速機をいい、その回転速度を一定に保つための制御装置を作動させる状態を指すが、需給調整市場では数十秒以内の周波数変動に対して負荷の自動制御により周波数を維持安定化させる機能をいう。

ISO(Independent System Operator)

独立系統運用機関のこと。アンバンドリングの一形態として、電力送配電ネットワークの所有権は電力会社に残したまま、その管理・運用を担う非営利組織。米国カリフォルニア州のCAISOが有名。

LFC(Load Frequency Control：負荷周波数制御)

系統全体の実周波数と基準となる周波数の偏差を検出し、それを最小化するために中給から発電機出力を数分単位で制御する機能。

Missing Money(ミッシングマネー)問題

電力自由化と再生可能エネルギー大量導入により稼働率が低下した電源設備の固定費回収予見性が立たない問題。

Negawatt(ネガワット)

需要家の節電（需要抑制）や運用効率化により余った電力のことで、これは発電と同様の効用（みなし発電）があるとみなす。実際に発電された電気を「ポジワット」と称して対比する概念で扱う場合もある。

Net-CONE(Net Cost of New Entry)

「ネットコーン」と読む。容量市場で使われる概念で、天然ガス火力発電等の新規建設コストから卸電力取引市場等で得られる期待収益を差し引いた値。

Open ADR(Automated Demand Response)

DRの通信プロトコルで、米国カリフォルニア州バークレーにあるローレンス・バークレー国立研究所が開発。経済産業省が行っているERAB実証でもopen ADRは標準プロトコルとして採用されている。

Posi Aggre(ポジアグリ)
アグリゲーターによって、自家発・蓄電池や家庭用太陽光発電、電気自動車、燃料電池(低圧接続)等による電気の逆潮流量を束ねたもの。

Posi Nega Aggre(ポジネガアグリ)
ポジアグリに加えて、需要抑制量(ネガワット)を組み合わせてアグリゲーションすること。

RoCoF(Rate of Change of Frequency)
「ロコフ」と読む。周波数の変化速度をいう。RoCoF が低ければ低いほど電力系統システムの安定性が高いことになる。

RPS(Renewables Portfolio Standard)
「電気事業者による新エネルギー等の利用に関する特別措置法」を指す。電気事業者が調達するエネルギーに対して一定量以上の新エネルギー利用を義務付けるもので、2003 年に施行。

R1(Primary Reserve)
需給調整市場の中の「一次調整力」のこと。

SOC(State of Charge)
蓄電池の残量を示す指標。

SOH(State of Health)
蓄電池の劣化状態を示す指標。

TSO(Transmission System Operator)
送電系統運用事業者

UFR(Under Frequency Relay：周波数低下リレー)
大規模電源脱落等により周波数が大きく低下するような事態(いわゆる稀頻度リスク)に、残存供給力(発電側)とマッチングできる範囲まで需要側を負荷遮断することで周波数を回復させる緊急避難的な措置。

Unbundling(アンバンドリング)
既存の電力会社を発電・送配電・小売等の部門ごとに分割すること。

VPP(Virtual Power Plant：バーチャルパワープラント)
需要側エネルギーリソースを IoT や AI を駆使して自在に管理運用することで、あたかも発電所の出力調整を行っているのと同等の機能を発揮させること。

V2G(Vehicle to Grid)
電気自動車の蓄電池を電力系統に接続して充放電する仕組み。

V2H(Vehicle to Home)
電気自動車に蓄えた電気を家庭で使う仕組み。

XaaS(X as a Service)
「ザース」と読む。X に該当する製品や機能をインターネット経由で自在に提供すること。

3E＋S
日本のエネルギー政策の基本方針で、エネルギー政策基本法に謳われた「エネルギー安全保障(Energy Security)」、「環境適合性(Environmental Compatibility)」、そして「経済合理性の追求(Economic Efficiency)」と、この三大構成要素の大前提となる「安全性の担保(Safety)」を示す。

〈著者略歴〉
市村　健（いちむら　たけし）
エナジープールジャパン(株)代表取締役社長兼 CEO
1987 年東京電力(株)入社。本店原子燃料部にてカナダ・ウラン鉱山権益買収プロジェクト、世界原子力協会（本部ロンドン）事務局を担務の後、本店総務部にて広報渉外・官庁調整・危機管理業務など 17 年にわたり従事。その間、議員立法である「エネルギー政策基本法」起草にも携わる。2014 年東京電力を退社。同年シュナイダーエレクトリック(株)DR 事業部ディレクター（エナジープール日本法人設立統括）。2015 年より現職。併せて、資源エネルギー庁 ERAB 検討会・委員（制御量評価 WG・委員）、電力広域的運営推進機関需給調整市場検討小委員会・委員、資源エネルギー庁次世代技術を活用した新たな電力プラットフォームの在り方研究会・オブザーバーを務める。

電力システム改革の突破口
DR・VPP・アグリゲーター入門

2021 年 1 月 21 日　第 1 版第 1 刷発行
2021 年 4 月 30 日　第 2 刷発行

著　者　市村　健
発 行 者　村上和夫
発 行 所　株式会社 オーム社
郵便番号　101-8460
東京都千代田区神田錦町 3-1
電話　03(3233)0641(代表)
URL　https://www.ohmsha.co.jp/

組版　アトリエ渋谷　　印刷・製本　壮光舎印刷
ISBN978-4-274-22665-6　Printed in Japan